U0195770

读懂"一带一路"绿色发展理念

NATIONAL ACADEMY OF BELT AND ROAD GREEN DEVELOPMENT

ICBRGD·2020

许勤华 主编

中国国际文化交流中心"一带一路"绿色发展研究院 组织编写

浙江文艺出版社
Zhejiang Literature & Art Publishing House

外文出版社
FOREIGN LANGUAGES PRESS

图书在版编目(CIP)数据

读懂"一带一路"绿色发展理念 / 许勤华主编；中国国际文化交流中心"一带一路"绿色发展研究院组织编写.—杭州：浙江文艺出版社，2021.1

ISBN 978-7-5339-6347-7

Ⅰ.①读… Ⅱ.①许… ②中… Ⅲ.①"一带一路"—生态环境保护—国际环境合作—研究 Ⅳ.①X171.4

中国版本图书馆CIP数据核字（2020）第253395号

策划统筹	虞文军
责任编辑	王晶琳　周　佳
责任校对	唐　娇　牟杨茜
责任印制	吴春娟
装帧设计	吕翡翠
营销编辑	赵颖萱

读懂"一带一路"绿色发展理念

许勤华 主编

中国国际文化交流中心"一带一路"绿色发展研究院 组织编写

出版发行	浙江文艺出版社
地　　址	杭州市体育场路347号
邮　　编	310006
电　　话	0571-85176953(总编办)
	0571-85152727(市场部)
制　　版	浙江新华图文制作有限公司
印　　刷	浙江新华数码印务有限公司
开　　本	710毫米×1000毫米　1/16
字　　数	51千字
印　　张	5.5
插　　页	3
版　　次	2021年1月第1版
印　　次	2021年1月第1次印刷
书　　号	ISBN 978-7-5339-6347-7
定　　价	29.00元

主编简介

　　许勤华，中国人民大学国际关系学院教授，现任国家发展与战略研究院（国家高端智库）副院长，兼俄罗斯东欧中亚研究所（原苏联东欧研究所）所长，国际能源战略研究中心（国家能源局研究咨询基地）主任。中国国际文化交流中心理事、"一带一路"绿色发展研究院院长。中国俄罗斯东欧中亚学会常务理事。国务院发展研究中心欧亚社会发展研究所客座研究员。中国石油学会石油经济专业委员会常务理事。中国能源研究会可再生能源专业委员会秘书长、副主任委员。国家能源局"一带一路"能源合作网专业委员会主任。民盟中央社会委员会副主任，民盟中国人民大学委员会副主任委员。政协北京市海淀区第十届委员会委员。研究领域：能源与可持续发展，区域与国别。

序

　　当今，和平与发展依然是时代主题。但是，2019 年末新型冠状病毒肺炎疫情的到来为人类敲响了警钟，迫使人们更深入地思考发展的问题。新形势下，如何提升发展能力，选好发展方向，走好发展道路，已经成为摆在世界各国面前的共同课题。

　　中国秉持绿色发展理念，践行绿色发展道路。国家主席习近平指出，"绿水青山就是金山银山，改善生态环境就是发展生产力"，"我们要维持地球生态整体平衡，让子孙后代既能享有丰富的物质财富，又能遥望星空、看见青山、闻到花香"。

　　2015 年，国家发展改革委等三部委联合发布了《推动共建丝绸之路经济带和 21 世纪海上丝绸之路的愿景与行动》，明确提出要突出生态文明理念，共建绿色丝绸之路。2017 年，环境保护部（现生态环境部）等四部委联合发布

《关于推进绿色"一带一路"建设的指导意见》，系统阐述了建设绿色"一带一路"的重要意义。

过去六年，绿色"一带一路"合作正在步入全球绿色治理的中心舞台。在实践中，中国注重与联合国2030年可持续发展议程对接，推动基础设施绿色低碳化建设和运营管理，强调贸易投资领域的生态文明理念，引领生态环境保护等绿色发展合作，为共建各方的绿色发展带来了新机遇。

同时，绿色发展也成为"一带一路"可持续发展的核心引擎。对绿色发展理念的坚持，让"一带一路"积聚了更多人类智慧，凝聚了更多发展共识。在全球共同抗击疫情的关键时刻，"一带一路"合作依然展现出强大的生命力，"朋友圈"内各方的守望相助也让未来的合作之路倍加温暖。

30多年来，中国国际文化交流中心以中外民间文化交流和民心相知相通为己任，在增进中国人民与世界各国人民的友谊方面作出了重要贡献。未来，中心将在推动"一带一路"绿色发展、构建"一带一路"生态共同体方面发挥更大的作用，推动中国与世界各国携手合作，共创绿色发展的美好未来。

许勤华

2020 年 10 月 1 日于北京

目　录

前　言　读懂"一带一路"绿色发展理念 推进全球生态文明互鉴

2019 年 4 月 26 日，国家主席习近平在北京出席第二届"一带一路"国际合作高峰论坛开幕式，并发表题为《齐心开创共建"一带一路"美好未来》的主旨演讲，提出："把绿色作为底色，推动绿色基础设施建设、绿色投资、绿色金融，保护好我们赖以生存的共同家园"；"在共建'一带一路'过程中，要始终从发展的视角看问题，将可持续发展理念融入项目选择、实施、管理的方方面面"；"我们启动共建'一带一路'生态环保大数据服务平台，将继续实施绿色丝路使者计划，并同有关国家一道，实施'一带一路'应对气候变化南南合作计划"；等等。习近平主席关于"一带一路"绿色发展的阐述为"一带一路"未来发展提供了科学指引。

为推动建设绿色丝绸之路，2015 年 3 月，国家发展改革委、外交部、商务部联合发布了《推动共建丝绸之路经济带和 21 世纪海上丝绸之路的愿景与行动》，明确提出在 "一带一路" 建设中突出生态文明理念，推动绿色发展，加强生态环境保护。为进一步推动 "一带一路" 绿色发展，2017 年 4 月，环境保护部、外交部、国家发展改革委、商务部联合发布了《关于推进绿色 "一带一路" 建设的指导意见》，要求突出生态文明理念，加强生态环保政策沟通，促进民心相通。

为更好地理解并践行 "一带一路" 绿色发展理念，促进绿色发展、民心相通和对外合作，并为全球可持续发展提供有益启示，特编写《读懂 "一带一路" 绿色发展理念》一书。本书共四章：第一章介绍 "一带一路" 绿色发展理念提出的历史背景，第二章回顾 "一带一路" 绿色发展的认识过程，第三章概述 "一带一路" 绿色发展的理念，第四章思考 "一带一路" 绿色发展的实现路径。此外，附有《国际社会对 "一带一路" 绿色发展的响应》和《 "一带一路" 绿色发展的实践案例》两个附件。

第一章 "一带一路"绿色发展理念提出的历史背景

当前,全球环境容量趋紧、气候变化挑战加剧、逆全球化风险突出。为推动解决世界面临的新课题、新挑战,国家主席习近平指出"可持续发展是各方的最大利益契合点和最佳合作切入点",各方应"坚持绿色发展,致力构建人与自然和谐共处的美丽家园"。① 中国将绿色发展理念贯穿"一带一路"倡议的始终,提出加强基础设施绿色低碳化建设、推进绿色投资与贸易、加强生态环保和应对气候变化合作等举措,提升沿线国家和地区的生态环保能力,推动构建绿色"一带一路"。倡议提出以来,虽面临融资

---

① 新华社评论员.推动全球可持续发展的中国担当——论习近平主席在第二十三届圣彼得堡国际经济论坛全会致辞[EB/OL].(2019-06-08)[2020-09-26].http://www.xinhuanet.com/2019-06/08/c_1124597903.htm.

难、协调成本高、环保能力差异大等挑战，"一带一路"绿色发展仍取得了积极进展与成效，突出了兼顾沿线国家和地区的经济发展与生态环保需求的根本宗旨。

一、"一带一路"绿色发展的现状与特点

发展至今，绿色"一带一路"的内涵与发展思路日益清晰，政策引导与工作机制逐步完善，其建设与全球环境和气候治理之间的关系受到高度关注。现阶段，"一带一路"绿色发展呈现出以下特点：

第一，理论内涵日益丰富，与国际形势新变化衔接增多。自"一带一路"倡议提出以来，其建设对环境保护、气候变化以及可持续发展等方面的影响引起的广泛讨论，不断充实了"一带一路"绿色发展的思想与内涵。首先，应对"一带一路"实施过程中对环境产生的负面影响是理论的出发点。沿线能源投资所引发的密集的人类活动可能使中亚等环境较为脆弱的地区水危机加倍，并加速该地区的能源消耗。[①] 其建设过程可能导致污染产品生产或不可持续的资源开采方式转移到该区域欠发达国家[②]，将对

①李培月，钱会，霍华德，等.建设一条可持续的新"丝绸之路经济带"[J].环境地球科学，2015，74：7267-7270.

②特雷西，施瓦茨，西蒙诺夫，等.中国的新欧亚雄心：丝绸之路经济带的环境风险[J].欧亚地理与经济学，2017，58（1）：56-88.

"一带一路"沿线地区乃至全球的环境和气候条件带来负面影响，威胁国际应对气候变化与可持续发展目标的实现。其次，兼顾经济发展与生态环境保护是该理念的核心目标。"一带一路"建设应按照人口资源环境相均衡、经济社会生态效益相统一的原则，着力打造节约资源和保护环境的新格局，在此基础上促进沿线产业结构的转型升级以及生产与生活方式的转变。① 再次，明确"一带一路"绿色发展是全球环境和气候治理的重要组成部分，强调该进程对全球绿色低碳可持续发展的溢出效应。节约资源、开发清洁能源、提高能源效率、提升绿色低碳技术等是其发展的重点领域。相关各方以生态环境保护和技术合作为着眼点，以探索永续发展之路为理论的根本原则，开展政策协调，拓展合作领域，落实合作项目。

第二，政策体系持续完善，引领性作用不断加强。作为"一带一路"倡议的提出方，中国近年来围绕"一带一路"绿色发展制定出台了系列政策文件，为各相关方参与该进程提供指引。国家发展改革委、外交部和商务部于2015年联合发布《推动共建丝绸之路经济带和21世纪海上丝绸之路的愿景与行动》，明确要求"强化基础设施绿

①杨晨曦，温平.五大发展理念引导下的"一带一路"建设新思路[J].新疆社科论坛，2017(6):28-31.

色低碳化建设和运营管理","在投资贸易中突出生态文明理念,加强生态环境、生物多样性和应对气候变化合作,共建绿色丝绸之路",① 在宏观层面确立了绿色发展在"一带一路"中的重要地位与指导性作用。环境保护部于2017年先后发布了《关于推进绿色"一带一路"建设的指导意见》(与其他部委联合发布)和《"一带一路"生态环境保护合作规划》,强调生态文明、生态环保、绿色发展理念,并通过加强生态环保政策沟通、促进国际产能合作与基础设施建设的绿色化、发展绿色贸易等举措推动生态环境保护合作,② 对"一带一路"绿色发展目标、内涵、范围、路径等做了更为细致的规定。此外,绿色产品标准认证、基础设施建设绿色化等相关标准陆续出台,③ 为"一带一路"国际合作提供更清晰、具体的绿色标准,指导项目实施落地。在国际层面,联合国环境规划署与中国环境

---

①国家发展改革委,外交部,商务部.推动共建丝绸之路经济带和21世纪海上丝绸之路的愿景与行动[N].人民日报,2015-03-29(4).

②环境保护部,外交部,国家发展改革委,等.关于推进绿色"一带一路"建设的指导意见[EB/OL].(2017-04-26)[2020-09-27].http://www.mee.gov.cn/gkml/hbb/bwj/201705/t20170505_413602.htm.环境保护部."一带一路"生态环境保护合作规划[EB/OL].(2017-05-12)[2020-09-27].http://www.mee.gov.cn/gkml/hbb/bwj/201705/t20170516_414102.htm.

③推进"一带一路"建设工作领导小组办公室.标准联通共建"一带一路"行动计划(2018—2020年)[EB/OL].(2018-01-19)[2020-09-27].http://www.sac.gov.cn/zt/ydyl/bzhyw/201801/t20180119_341413.htm.

保护部于 2016 年签署《中华人民共和国环境保护部与联合国环境规划署关于建设绿色"一带一路"的谅解备忘录》，启动"一带一路"与区域绿色发展联合研究，为推进"一带一路"绿色发展提供智力支撑。

第三，工作机制日趋健全，形成区域绿色治理合作平台。为保障"一带一路"工作稳步有序推进，中国在明确国家发展改革委等相关部门推进"一带一路"绿色发展职责分工的基础上，在 2015 年成立了"一带一路"生态环境保护领导小组，并确定中国–东盟（上海合作组织）环境保护合作中心为牵头提供技术支持的机构，为"一带一路"生态环保工作提供了组织机制保障；国家发展改革委还组建了"一带一路"建设促进中心，为对接、促进绿色低碳等领域的"一带一路"建设实施提供支撑，逐步建立起从政策协调到项目实施管理的多层级工作体制，为绿色"一带一路"建设提供体制机制保障。2019 年 4 月 25 日，"一带一路"绿色发展国际联盟在北京成立，打造绿色发展合作沟通平台。联盟定位为一个开放、包容、自愿的国际合作网络，旨在推动将绿色发展理念融入"一带一路"建设，进一步凝聚国际共识，促进"一带一路"参与国家落实联合国 2030 年可持续发展议程。

第四，沿线国家和地区绿色发展能力不均衡，发展水平有待提升。"一带一路"沿线国家和地区在经济发展阶段、产业结构、技术水平、环保标准等方面存在明显差异，部分国家和地区在资源利用、环境治理等环节面临来自资金、技术等方面的巨大挑战，绿色发展能力参差不齐。总体来看，中东欧、东北亚、东南亚及太平洋等地区的国家在经济增长、技术创新、资源利用、污染防治、环境治理、环境承载能力等方面表现相对较好，具有较高的绿色发展水平，有能力承接、推动高水平绿色合作项目；相较之下，南亚、非洲、中亚等地区的国家经济发展滞后，技术研发能力薄弱，资源利用、环境治理水平较低，在绿色发展领域需要一定程度的能力建设与资金技术支持。这些差异对建立高水平"一带一路"绿色标准、推动相关项目落地带来了直接的挑战。

第五，中国发挥先锋示范作用，持续提高开放水平。中国作为"一带一路"倡议的提出方，在推进"一带一路"绿色发展进程中发挥的作用对沿线国家和地区具有直接影响。在一定程度上，绿色"一带一路"的成败将取决于中国对其提出的可持续发展愿景的落实情况。[1] 党的十八大以来，中国推动生态文明建设、践行绿色发展理念、提高可持续发展水平，在推动"一带一路"建设过程中坚

①阿森森,法里格,克莱文格,等."一带一路"倡议面临的环境挑战[J].自然—可持续发展,2018,1:206-209.

持绿色低碳理念,《能源发展"十三五"规划》《可再生能源发展"十三五"规划》等宏观规划也提出围绕"一带一路"倡议参与国际有关新能源项目投资和建设、推进可再生能源产业链全面国际化发展,[①] 清晰传递出中国支持"一带一路"绿色发展的信号,积极探索适合沿线国家多样性的绿色发展道路,增强沿线国家和地区的合作信心。

二、"一带一路"绿色发展的现实需求

当前国际政治经济形势与全球治理进程深刻调整,世界经济自"次贷危机"爆发以来持续低迷、增长信心恢复有限,单边主义、贸易保护主义有所抬头,国际贸易、金融等领域多边进程动力不足,全球化出现停滞甚至逆转,国家间竞争强度增大,传统经济增长模式难以为继;同时,国际环境和气候治理的重要性显著上升,来自该领域法律条约、道德等方面的国际约束不断增强。国际形势的变化将重塑各国国家利益与发展目标,培育新经济增长点、提高环境与气候治理能力等需求将更为迫切,这也使沿线国家和地区对"一带一路"建设新阶段推进绿色发展具有直

---

①国家发展改革委.可再生能源发展"十三五"规划[EB/OL].(2016-12-10)[2020-09-27].http://zfxxgk.ndrc.gov.cn/web/iteminfo.jsp? id=394.国家发展改革委.能源发展"十三五"规划[EB/OL].(2016-12-26)[2020-09-27].http://zfxxgk.ndrc.gov.cn/web/iteminfo.jsp? id=405.

接需要，有利于自身实现多样化目标。

（一）满足新时期全球环保和气候治理约束持续强化的需要

第一，第三次能源转型与全球气候治理提速是"一带一路"倡议提出的重要时代背景。在国际气候变化多边进程不断深化的背景下，全球能源绿色低碳转型成为落实气候治理目标的主要途径。2015 年巴黎气候大会通过《巴黎协定》，对 2020 年后国际应对气候变化行动作出了安排，提出将全球平均气温较工业化前水平上升幅度控制在 2℃以内，并争取控制在 1.5℃以内的治理目标。《巴黎协定》的达成、快速生效标志着国际社会就应对气候变化形成广泛共识，各缔约方均面临着履行气候治理承诺的压力与道德约束，限制温室气体排放、减少化石能源消费是其根本途径，以可再生能源为代表的清洁能源产业在全球范围内受到广泛关注。据《2018 年 BP 世界能源统计年鉴》资料显示，2017 年全球可再生能源发电量（不包含水电）增长了 17%，高于过去 10 年的平均增速（16.2%）。[1] 2018 年联合国环境规划署等的报告显示全球可再生能源投资呈现

---

①英国石油公司.2018 年 BP 世界能源统计年鉴［EB/OL］.（2018-07-30）［2020-09-27］. https://www. bp. com/zh _ cn/china/home/news/reports/statistical-review-2018.html.

快速增长态势，2004 年至 2017 年其投资额增长了约 5 倍。① 得益于该趋势，可再生能源已逐步成为诸多发达经济体和新兴经济体能源供给与消费结构的重要组成部分，对全球碳减排产生积极影响。考虑发展中国家和新兴经济体对能源需求的不断增长是全球能源和气候治理格局的重要影响因素，② 相关国家在碳约束条件下实现能源绿色转型对其自身和国际社会均具有重要意义，在保证实现经济高速发展的同时，履行环境与气候变化领域的国际承诺。

第二，绿色发展能力是争夺国际话语权的基础，绿色环保对全球治理体系与议事日程的影响不断增强。一方面，全球环境治理日益成为国际政治经济多边进程的重点话题，在生物多样性、臭氧等传统领域进程不断深化的基础上，《世界环境公约》等文本持续成为讨论热点，反映出各方对争取该领域治理规则制定权的重视；同时，可再生能源发展等因素对国际能源关系的影响不断增强，并进而影响有关全球经济可持续性争论的主导权。另一方面，环境领域成为双/多边经济交流的重要组成部分，气候变化、节能

①联合国环境规划署,法兰克福学派–联合国环境规划署合作中心,彭博新能源财经.2018 年全球可再生能源投资趋势［R/OL］.［2020-09-30］. https://www.fs-unep-centre.org/wp-content/uploads/2019/11/Global_Trends_Report_2018.pdf.

②21 世纪可再生能源政策网.2018 年可再生能源全球现状报告［R/OL］.［2020-09-27］. https://wwwren21net/wp-content/uploads/2019/08/Full-Report-2018.pdf.

减排等议题日益融入法国、德国、中国、韩国等主要经济体的双边经济交流活动中，形成了专门的合作机制并丰富了投资贸易等领域的合作内容，成为双边高级别经济对话成果的重要来源；同时，在近年来各方有关世界贸易组织、自由贸易区等渠道的谈判中，环境产品、资金等日益成为关注的焦点，基础四国、亚太经合组织等多边平台对环境与气候变化领域的关注度持续提升，它们有可能成为未来国际经济关系的"新门槛"。

（二）符合"一带一路"倡议国中国自身的内在诉求

第一，"一带一路"绿色发展理念与中国新时代加强生态文明建设、实现可持续发展的理念一脉相承。党的十八大以来，中国着力以生态文明建设引领经济社会发展与发展模式转型，构建了完善的思想理论体系。2012 年，党的十八大报告将中国特色社会主义事业总体布局在原经济建设、政治建设、文化建设、社会建设的基础上增加了生态文明建设，由"四位一体"扩充至"五位一体"，把生态文明建设置于经济社会发展的突出位置；2015 年 3 月，中央政治局会议在"新型工业化、城镇化、信息化、农业现代化"战略任务之后加上"绿色化"，并将其定性为新的战略任务，将"四化"扩充为"五化"；2015 年 10 月，中共十八届五中全会提出"创新、协调、绿色、开放、共享"五大发展理念，强调经济发展与生态环保相协调；

2017年，党的十九大报告明确提出我国社会主要矛盾已经转化为"人民日益增长的美好生活需要和不平衡不充分的发展之间的矛盾"，其中生态环境保护任重道远。在明确以生态文明思想与绿色发展理念指导国内生态环境保护工作的同时，中国在全球气候治理与国际环境合作中发挥积极的建设性作用，为区域与全球绿色发展提供公共产品，贡献中国智慧，着力统筹国内国际两个大局。在此背景下，全国各地亦将绿色发展理念与生态文明建设确立为经济社会发展与转型的指导思想，浙江、海南等地结合其发展实际形成了综合性的省级生态文明建设方案，凝聚了全方位推动辖区生态文明建设的决心与信心；同时，金融、工业、环境、财政等系统将绿色理念贯穿政策制定与实施过程，提出绿色金融、绿色制造、绿色财政等诸多创新举措，采用试点模式落实并向全国范围推广。

第二，"一带一路"绿色发展理念与中国产业结构升级和能源革命导向相契合。自进入"经济新常态"以来，中国着力推动产业结构升级、提高经济可持续性，以战略性新兴产业等为抓手鼓励新兴业态发展，明确到2030年将其打造为推动我国经济持续健康发展的主导力量，新能源汽车等产业产销位居全球领先地位；限制高排放、高污染行业企业生产经营，淘汰落后产能，推动产业结构向绿色、低碳、高科技等方向转型，提高经济效率。同时，中国明确将构建清洁低碳、安全高效的能源体系，推进能源结构绿色低碳转型。根据《能源生产和消费革命战略（2016—2030）》以及"十三五"时期能源领域相关规划，天然气及可再生能源等清洁能源装机及消费量上升，到 2020 年和 2030 年非化石能源预计将实现分别占一次能源消费比重 15% 和 20% 的目标，煤炭消费比重进一步降低;① 同时，提出能源强度和碳强度下降目标，明确新增能源需求主要依靠清洁能源满足，推动实现到 2050 年非化石能源占能源消费总量比例超过一半的长期目标。② 中国为实现上述目标向清洁能源领域投入了大量资金与物力，据联合国环境规划署等统计，2017 年中国可再生能源投资总额达 1266 亿美元，占世界投资总额约 45%，是全球第一投资大国。③ 得益于此，我国非化石能源发展目标进展较为顺利，2018 年其占一次能源消费比重达到 14.3%，为落实 2020 年、

①国家发展改革委.可再生能源发展"十三五"规划［EB/OL］.（2016-12-10）［2020-09-27］.http∶//zfxxgk.ndrc.gov.cn/web/iteminfo.jsp？id＝394.国家发展改革委.能源发展"十三五"规划［EB/OL］.（2016-12-26）［2020-09-27］. http∶//zfxxgk.ndrc.gov.cn/web/iteminfo.jsp？id＝405.

②国家发展改革委，国家能源局.能源生产和消费革命战略（2016—2030）［EB/OL］.（2016-12-29）［2020-09-28］. http∶//www.gov.cn/xinwen/2017-04/25/content_5230568.htm.

③联合国环境规划署，法兰克福学派-联合国环境规划署合作中心，彭博新能源财经.2018 年全球可再生能源投资趋势［R/OL］.［2020-09-30］.https∶//www.fs-unep-centre.org/wp-content/uploads/2019/11/Global_Trends_Report_2018.pdf.

2030 年发展目标奠定了良好的基础。良好的发展势头也意味着，可再生能源产业等新兴绿色产业将成为中国着力培育的新经济增长点，也将成为对外经济合作的优先领域。

第三，"一带一路"绿色发展理念与中国作为负责任大国为全球环境治理提供支持的立场相一致。面对单边主义抬头、全球环境容量趋紧等困境，中国在推动自身绿色转型与高质量发展的同时，信守气候变化等方面的国际承诺，逐步在全球生态文明建设和环境保护领域发挥重要的参与、贡献和引领作用。① 在美国特朗普政府宣布退出《巴黎协定》的背景下，中国领导人在多个多边场合重申支持多边主义、落实《巴黎协定》的承诺，中国政府参与发起了气候行动部长级会议等国际气候协调机制以强化国际气候政策协调，为气候变化多边进程注入信心与动力，展现出负责任大国的担当。共建绿色"一带一路"符合中国在生态环境领域一贯的立场，能够为促进区域共同绿色发展提供新平台，为营造良好的国际环境合作氛围奠定基础，推动"一带一路"倡议参与方完成应对气候变化、可持续发展等方面的目标。

第四，"一带一路"绿色发展理念与中国倡导的"一

---

① 傅京燕,程芳芳.推动"一带一路"沿线国家建立绿色供应链研究[J].中国特色社会主义研究,2018(5):80-85.

带一路"价值观相呼应。改善民生是中国提出"一带一路"倡议的核心目标之一，其建设与实施必须关注民生诉求。绿色发展作为新型民生观，应成为指导"一带一路"建设的主要原则与发展方向。一方面，绿色发展所产生的经济与环境效益将惠及沿线国家人民，是实现普惠发展的主要渠道，相关项目建设等能够有效改善环境脆弱地区人民的生活状况，并为其提供新的就业机会。另一方面，在各国人民对生态环保关注度不断提升的情况下，建设绿色"一带一路"能够回应沿线各国人民的基本诉求，增强其获得感、满足感；近年来，碳普惠、碳中和等业态的快速发展也为公众参与提供了平台，有利于其接受和理解"一带一路"倡议内涵。

(三) 照顾沿线国家生态环保领域存在的多样化需求

第一，满足沿线国家在碳约束条件下实现工业化、现代化的基本诉求。"一带一路"沿线国家大多为发展中国家，在推动工业化进程的同时，还需应对工业化带来的自身环境问题和全球气候变化等相关国际问题，[①] 为其缺乏活力的经济增长模式带来新的风险与挑战。"一带一路"绿色发展理念的提出与落地，有望为相关国家在复杂多变

①傅京燕,程芳芳.推动"一带一路"沿线国家建立绿色供应链研究[J].中国特色社会主义研究,2018(5):80-85.

的国内外形势下同时处理好环境保护和经济发展两方面问题提供新的路径，发展水平较高、经验相对丰富的沿线国家能够通过双边或区域合作等方式分享解决方案，帮助其找到适合本国国情、优化资源利用效率的绿色增长路径，避免走"先污染、后治理"的老路。

第二，满足沿线国家迫切的环境诉求。"一带一路"倡议覆盖区域普遍生态环境复杂、脆弱，气候适应能力较差，生态环境基础相对薄弱，容易受到极端天气等环境灾害的影响。同时，伴随人口增长、城市化与工业化进程的推进以及人均经济活动和能源消费水平的提高，相关区域水和大气污染问题加剧，威胁其居民生活、健康情况。在相关国家缺乏解决该类问题能力的情况下，"一带一路"建设必须对此提供解决方案。

第三，满足沿线国家绿色融资及技术需要。发展中国家是"一带一路"沿线国家构成的主体，在发展可再生能源产业、气候适应性产业、节能减排产业等资金规模大、回报周期长、技术含量高的绿色低碳产业时，可能面临资金与技术方面的难题，阻碍其提升绿色发展能力。"一带一路"绿色发展将为解决该类问题提供新的平台与渠道：一方面，通过沿线地区跨国援助、低息贷款、多边银行优惠贷款等方式，相关发展中国家获得资金的成本降低、便利性提高，从而增强落实长期项目的信心；另一方面，绿色低碳技术相对领先的沿线国家可考虑以项目合作、无偿技术转移等方式为发展中国家提供关键技术支持，既满足其绿色发展的实际需要，也缩小其技术研发需要的潜在资金规模。

第二章 "一带一路"绿色发展的认识过程

人类社会走过农业文明、工业文明，正在迈入生态文明时代。人类需要一场自我革命，加快形成绿色发展方式和生活方式，建设生态文明和美丽地球。"一带一路"绿色发展根植于我国绿色发展和生态文明实践，是我国重视生态、保护环境一以贯之的要求，是我国积极参与全球环境治理和可持续发展事业的生动体现，更是共谋全球生态文明的重要内容。

一、注重生产与自然的关系

习近平同志在正定、厦门、宁德、福州等地工作期间，一直注重生产与自然的关系，在探寻经济发展路径的过程中开始把环境问题考虑在内，将保护自然与促进发展协同起来。1984 年 2 月 8 日，他召开正定县委工作会议，专题研究如何实现正定经济起飞，提出"积极研究探索发展'半城郊型'经济的新路子"，开拓有正定特色的经济起飞之路，倡导"建立合理的、平衡发展的经济结构"，注重生产与自然的关系，实现生态和经济的良性循环。① 2001 年，习近平同志把集体林权制度改革作为一项重大民生工程给予了特别关注，并在武平县调研后作出了"集体林权制度改革要像家庭联产承包责任制那样从山下转向山上"的决定，② 这为福建保护生态、农民增收带来了巨大活力。

二、绿水青山就是金山银山

2002 年 12 月 18 日，习近平同志在中共浙江省委十一届二次全体（扩大）会议上提出了建设"绿色浙江"的目标任务。2005 年 8 月 15 日，他在安吉考察时首次提出"绿水青山就是金山银山"这一科学论断。③ 在《浙江日报》的《之江新语》专栏，他发表多篇有关"绿水青山就是金山银山"的评论，指出"既要绿水青山，又要金山银山"，"绿水青山与金山银山既会产生矛盾，又可辩证统

---

① 习近平.知之深　爱之切[M].石家庄:河北人民出版社,2015:122-128.

② 吴毓健,林侃,方炜杭.改革争先　击水中流——习近平总书记在福建的探索与实践·改革篇[N].福建日报,2017-07-17(1).

③ 邓崴,颜伟杰.绿水青山就是金山银山——浙江践行这一科学论断十年纪事[N].浙江日报,2015-03-31(2).

一"，对浙江经济社会发展提出了新要求。[1]　"干在实处、走在前列"，只有立足于人与自然的和谐发展，善于处理好"两座山"关系，着力发展循环经济，打造生态浙江，才能为未来发展奠定更好的条件基础。

三、生态文明建设迈向新阶段

从山水林田湖草生命共同体的深入人心，到高质量发展与生态文明良性互动，再到国内生态文明与全球生态文明相得益彰，我国生态文明建设正迈向新阶段。

2013年11月9日，习近平总书记在中共十八届三中全会上关于《中共中央关于全面深化改革若干重大问题的决定》的说明中指出："山水林田湖是一个生命共同体，人的命脉在田，田的命脉在水，水的命脉在山，山的命脉在土，土的命脉在树。用途管制和生态修复必须遵循自然规律……由一个部门行使所有国土空间用途管制职责，对山水林田湖进行统一保护、统一修复是十分必要的。"[2]2017年10月18日，如何推动生态文明建设迈向新阶段成为党的十九大报告的重要内容，报告提出："我们要建设的现代化是人与自然和谐共生的现代化，既要创造更多物

[1]习近平.之江新语[M].杭州:浙江人民出版社,2007:153,186,223.
[2]习近平.习近平谈治国理政:第一卷[M].2版.北京:外文出版社,2018:85-86.

质财富和精神财富以满足人民日益增长的美好生活需要，也要提供更多优质生态产品以满足人民日益增长的优美生态环境需要。必须坚持节约优先、保护优先、自然恢复为主的方针，形成节约资源和保护环境的空间格局、产业结构、生产方式、生活方式，还自然以宁静、和谐、美丽。""生态文明建设功在当代、利在千秋。我们要牢固树立社会主义生态文明观，推动形成人与自然和谐发展现代化建设新格局，为保护生态环境作出我们这代人的努力！"①

党的十八大以来，我们党深刻回答了为什么建设生态文明、建设什么样的生态文明、怎样建设生态文明的重大理论和实践问题，提出了一系列新理念、新思想、新战略。2018年5月，全国生态环境保护大会正式确立了习近平生态文明思想。新时代推进生态文明建设，必须坚持好以下原则：一是坚持人与自然和谐共生；二是绿水青山就是金山银山；三是良好生态环境是最普惠的民生福祉；四是山水林田湖草是生命共同体；五是用最严格制度最严密法治保护生态环境；六是共谋全球生态文明建设。②

2020年10月，中共十九届五中全会审议通过了《中

---

①习近平.决胜全面建成小康社会　夺取新时代中国特色社会主义伟大胜利——在中国共产党第十九次全国代表大会上的报告[N].人民日报,2017-10-28(1).

②习近平.习近平谈治国理政：第三卷[M].北京：外文出版社,2020:359-364.

共中央关于制定国民经济和社会发展第十四个五年规划和二〇三五年远景目标的建议》。全会提出："深入实施可持续发展战略,完善生态文明领域统筹协调机制,构建生态文明体系,促进经济社会发展全面绿色转型,建设人与自然和谐共生的现代化。""十四五"时期经济社会发展主要目标的生态环境方面——"生态文明建设实现新进步,国土空间开发保护格局得到优化,生产生活方式绿色转型成效显著,能源资源配置更加合理、利用效率大幅提高,主要污染物排放总量持续减少,生态环境持续改善,生态安全屏障更加牢固,城乡人居环境明显改善"。二〇三五年基本实现社会主义现代化远景目标的生态环境方面——"广泛形成绿色生产生活方式,碳排放达峰后稳中有降,生态环境根本好转,美丽中国建设目标基本实现"。①

四、绿色发展与生态文明理念走向世界

生态文明建设关乎人类未来,我国积极主张加快构筑尊崇自然、绿色发展的生态体系,共建清洁美丽的世界。2013 年联合国环境规划署第 27 次理事会通过了推广中国生态文明理念的决定草案;2016 年联合国环境规划署发布了《绿水青山就是金山银山:中国生态文明战略与行动》

---

①中共十九届五中全会在京举行[N].人民日报,2020-10-30(1).

报告等，中国生态文明建设的理论与实践在国际社会得到越来越多的认同，并且正在为全球绿色发展提供重要借鉴。"一带一路"绿色发展成为当前协同推进全球可持续发展、共谋全球生态文明建设的重要抓手，成为我国在新时代推进人类命运共同体和美丽世界建设的重要内容。

坚持绿色低碳、建设一个清洁美丽的世界是构建人类命运共同体和推动全球生态文明建设的重要内容。2017年1月18日，习近平主席在联合国日内瓦总部演讲时指出："绿水青山就是金山银山。我们应该遵循天人合一、道法自然的理念，寻求永续发展之路。我们要倡导绿色、低碳、循环、可持续的生产生活方式，平衡推进2030年可持续发展议程，不断开拓生产发展、生活富裕、生态良好的文明发展道路。"①

让绿色发展和生态文明的理念和实践造福沿线各国人民是推进"一带一路"建设的新要求。2017年5月14日，在"一带一路"国际合作高峰论坛开幕式上，来自100多个国家的各界嘉宾齐聚北京，共商"一带一路"建设合作大计，为推动"一带一路"建设献计献策，让这一世纪工程造福各国人民。习近平主席发表主旨演讲时指出："我们要践行绿色发展的新理念，倡导绿色、低碳、循环、可

---

① 习近平.习近平谈治国理政:第二卷[M].北京:外文出版社,2017:544.

持续的生产生活方式，加强生态环保合作，建设生态文明，共同实现 2030 年可持续发展目标。"① 随着"一带一路"绿色发展的深入，绿色理念和绿色共识的影响力持续增强，在第二届"一带一路"国际合作高峰论坛上，绿色发展理念得到进一步夯实，绿色发展国际合作不断取得新局面。我国把绿色作为"一带一路"的底色，从多个方面主张全球绿色发展，"推动绿色基础设施建设、绿色投资、绿色金融，保护好我们赖以生存的共同家园"；"在共建'一带一路'过程中，要始终从发展的视角看问题，将可持续发展理念融入项目选择、实施、管理的方方面面"；"同各方共建'一带一路'可持续城市联盟、绿色发展国际联盟，制定《"一带一路"绿色投资原则》"。②

2020 年 9 月 22 日，国家主席习近平在第七十五届联合国大会一般性辩论上发表重要讲话，强调"中国将提高国家自主贡献力度，采取更加有力的政策和措施，二氧化碳排放力争于 2030 年前达到峰值，努力争取 2060 年前实现碳中和。各国要树立创新、协调、绿色、开放、共享的新发展理念，抓住新一轮科技革命和产业变革的历史性机遇，推动疫情后世界经济'绿色复苏'，汇聚起可持续发

---

①习近平.习近平谈治国理政:第二卷[M].北京:外文出版社,2017:513.

②习近平.习近平谈治国理政:第三卷[M].北京:外文出版社,2020:491,493.

展的强大合力"。① 2020 年 9 月 30 日，国家主席习近平在联合国生物多样性峰会上通过视频发表重要讲话，强调"'生态文明：共建地球生命共同体'既是明年昆明大会的主题，也是人类对未来的美好寄语。作为昆明大会主席国，中方愿同各方分享生物多样性治理和生态文明建设经验"。②

————————

①习近平.在第七十五届联合国大会一般性辩论上的讲话[N].人民日报，2020-09-23(3).

②习近平.在联合国生物多样性峰会上的讲话[N].人民日报，2020-10-01(3).

第三章 "一带一路"绿色发展的理念概述

　　国家主席习近平在第二届"一带一路"国际合作高峰论坛开幕式上的主旨演讲中提到，"在共建'一带一路'过程中，要始终从发展的视角看问题，将可持续发展理念融入项目选择、实施、管理的方方面面。我们要致力于加强国际发展合作，为发展中国家营造更多发展机遇和空间，帮助他们摆脱贫困，实现可持续发展"。①"一带一路"绿色发展进程体现了人与自然是生命共同体，坚定走生产发展、生活富裕、生态良好的文明发展道路，共谋全球生态文明建设，积极为全球环境治理和可持续发展作出贡献等

---

　　①习近平.齐心开创共建"一带一路"美好未来——在第二届"一带一路"国际合作高峰论坛开幕式上的主旨演讲[N].人民日报,2019-04-27(3).

重要理念。

一、坚持人与自然和谐共生

工业革命以来的很长一段时期内，人类简单地将经济增长等同于发展，忽视了人与自然的共生关系，造成了严峻的环境恶化形势。如何追求经济、环境和社会效益的统一，践行绿水青山就是金山银山理念，对于破解经济与环境不协调困境，实现全球环境治理和可持续发展具有重要的理论意义和实践价值。作为最大的发展中国家和新兴经济体，中国通过加强生态文明建设、积极应对气候变化，正逐步找到符合发展中国家国情与需要的绿色增长路径，相关案例能够为沿线国家和地区提供可借鉴、可复制、可操作的经验。这也预示着，"一带一路"覆盖的大量发展中国家在绿色低碳领域基础设施建设、技术研发等方面具有广阔的合作空间，将为构建人与自然生命共同体作出更大贡献。

习近平总书记在党的十九大报告中指出："人与自然是生命共同体，人类必须尊重自然、顺应自然、保护自然。"① 中国大力推动绿色发展，重视人与自然和谐共生，

---

① 习近平.决胜全面建成小康社会 夺取新时代中国特色社会主义伟大胜利——在中国共产党第十九次全国代表大会上的报告[N].人民日报,2017-10-28(1).

推动生态环境保护发生历史性、转折性、全局性变化，为全球环境治理作出了示范，也为人类命运共同体作出了重要贡献。

二、深化环境领域国际交流与合作

建设"一带一路"是新时代中国支持多边主义、促进人类社会可持续发展、推动构建人类命运共同体的重要举措。考虑"一带一路"沿线涉及广泛的新兴发展中国家和能源生产消费大国，其环境与气候条件差异较大且总体比较薄弱，妥善应对经济活动等对生态环境带来的压力、转变粗放型经济增长方式是各方共同的迫切需求，将绿色发展理念融入"一带一路"建设、形成平衡经济发展与生态环境保护的增长路径是顶层设计中的重要内容。"一带一路"绿色发展对于"一带一路"倡议的成功实施、世界绿色低碳转型以及全球可持续发展目标的实现具有重要意义。"一带一路"绿色发展可以帮助其他发展中国家避免依赖传统的高碳增长模式，并寻求中国所展示的更有效和创新的途径。[1]

围绕沿线国家和地区的实际环境需求提供多样化的解

---

[1]许勤华."一带一路"绿色发展报告（2019）[M].北京：中国社会科学出版社，2020：前言.

决方案，既能够增进沿线国家和地区人民福祉，为具体合作落实提供便利，也能促进"一带一路"建设与全球气候治理等可持续发展议程相协调，使其成为全球治理的重要组成部分。① 此外，"一带一路"绿色发展，"能够推动国际合作和发展事业持续深化，推动构建人类命运共同体"。②

习近平主席在全国生态环境保护大会上强调"要深度参与全球环境治理"，"形成世界环境保护和可持续发展的解决方案"，"引导应对气候变化国际合作"。③ 当前，全球化进程不仅面临单边主义的严重挑战，而且面临全球生态环境问题的巨大压力，迫切需要新型全球发展倡议，转变经济发展方式，形成环境保护和可持续发展的解决方案。"一带一路"绿色发展，为国际环境合作奠定了坚实基础，为促进区域共同发展提供了新平台，注入了新动力，而且推进了区域绿色合作走深走实。

三、促进"一带一路"沿线高质量发展

"一带一路"沿线多为发展中国家和新兴经济体，普

①许勤华."一带一路"绿色发展报告（2019）[M].北京:中国社会科学出版社,2020:前言.

②汪万发.共建绿色"一带一路" 推动全球绿色发展[N].中国环境报,2018-11-26(3).

③习近平.习近平谈治国理政:第三卷[M].北京:外文出版社,2020:364.

遍面临着工业化、城市化带来的巨大资源环境压力，加之这些地区生态环境总体较脆弱，生态环境问题比较突出。推进绿色"一带一路"建设，能够切实克服发展中国家普遍存在的项目环境管理与风险预警机制不健全，对环境保护和绿色发展参与不高、认识不深的难题，推动高质量发展。"一带一路"已成为广受欢迎的国际合作平台，随着国际合作项目落地生根，沿线国家和民众，特别是广大发展中国家的获得感将不断增强。"一带一路"倡议聚焦重要基础设施建设，着力补齐沿线铁路、公路、水运、能源、生态环保、公共服务等基础设施领域短板，不仅为当地生态环境保护和治理奠定基础，而且为可持续和高质量发展创造条件。

2018 年，习近平主席在推进"一带一路"建设工作五周年座谈会上强调，"在保持健康良性发展势头的基础上，推动共建'一带一路'向高质量发展转变"，① 这是未来推进共建"一带一路"工作的基本要求和前进方向。中国已经同各方共建"一带一路"可持续城市联盟、绿色发展国际联盟，制定《"一带一路"绿色投资原则》，发起"关爱儿童、共享发展，促进可持续发展目标实现"合作倡议；启动共建"一带一路"生态环保大数据服务平台，将

---

① 习近平.习近平谈治国理政:第三卷[M].北京:外文出版社,2020:486-489.

继续实施绿色丝路使者计划，并同有关国家一道，实施
"一带一路"应对气候变化南南合作计划。① "一带一路"
绿色发展为沿线国家和地区注入了新动力、新理念，推动
"一带一路"高质量发展，可以促进当地经济发展、生态
环境保护和社会不断进步，将有效落实联合国 2030 年可持
续发展议程。

四、共谋全球生态文明

绿色发展是对传统发展模式的一种创新，是生产发展、
生活富裕、生态良好的文明发展道路的重要内容。加强
"一带一路"绿色发展的理念塑造和推广，有利于对推动
绿色"一带一路"国际合作、切实提高沿线国家和地区绿
色低碳能力等相关工作指明方向，并支撑形成符合各方诉
求的绿色解决方案，为全球生态文明作出贡献。中国主张
"一带一路"绿色发展，这不仅符合国际社会实现绿色低
碳可持续发展的愿景，也与中国高质量发展的内在诉求密
切相关。中国国家领导人多次强调，中方将践行绿色发展
理念，坚定应对气候变化，倡导绿色低碳可持续的生产生

①习近平.齐心开创共建"一带一路"美好未来——在第二届"一带一路"国际
合作高峰论坛开幕式上的主旨演讲[N].人民日报,2019-04-27(3).

活方式，持续加强生态文明建设。① 正如习近平主席在北京世界园艺博览会开幕式演讲中所提及的，"面对生态环境挑战，人类是一荣俱荣、一损俱损的命运共同体，没有哪个国家能独善其身。唯有携手合作，我们才能有效应对气候变化、海洋污染、生物保护等全球性环境问题，实现联合国 2030 年可持续发展目标。只有并肩同行，才能让绿色发展理念深入人心、全球生态文明之路行稳致远"。② 在全球生态文明建设进程中，中国发挥了重要的参与者、贡献者和引领者的角色，推动全球环境治理不断展现新气象、新作为。"一带一路"绿色发展，推动全球环境治理事业不断向前迈进，为构建全球生态文明贡献智慧，将有利于共建一个清洁美丽的世界。

①许勤华."一带一路"绿色发展报告（2019）［M］.北京：中国社会科学出版社,2020：前言.

②习近平.共谋绿色生活,共建美丽家园——在二〇一九年中国北京世界园艺博览会开幕式上的讲话［N］.人民日报,2019-04-29(2).

第四章 对"一带一路"绿色发展 实现路径的思考

　　"一带一路"绿色发展关乎沿线地区乃至全球经济发展与生态环保整体形势,推动、实施该进程既应充分考虑沿线地区经济、环境、产业等实际情况,形成优势互补、合作共赢的绿色合作模式,也需结合新时期国际政治经济格局深刻调整趋势,将该进程与全球气候治理演进方向有机衔接,促使"一带一路"建设在促进沿线地区经济社会发展的同时,为全球可持续发展与环境治理提供支持。中国作为该倡议的发起方,可着眼于顶层设计、体制机制、落实举措等层面,引导、推动绿色"一带一路"实施落地。

一、推动形成"一带一路"绿色合作制度框架

一是进一步建设"一带一路"绿色发展合作机制与平台。建立国家间制度化机制安排是引导、规范"一带一路"绿色发展相关活动的基础与保障。为调动沿线国家参与积极性，中国可与沿线国家共建绿色低碳领域重点任务和需求清单，设计共建合作机制与平台，① 为拓展、深化绿色低碳合作提供制度支持。首先，该机制应着眼于沿线地区多样化、差异化的绿色发展需求与能力，以灵活的机制设计促进多层次绿色项目合作，建立事后监管评估等方式保障绿色项目实施质量；其次，该机制应服务于沿线国家绿色政策战略与"一带一路"建设对接，降低其协调国内发展目标与绿色"一带一路"目标的成本，形成"一带一路"绿色发展与沿线国家自身低碳转型相互促进的密切联系；再次，在沿线地区绿色低碳项目可能存在政策风险等情况下，该机制应对合作相关方形成一定外部约束力，利用限制参与资格等方式提高违约国成本；最后，该机制可通过议程设置等方式为沿线国家绿色低碳领域信息交流、研究合作、跨境问题协商等提供平台，以绿色低碳可持续

① 李泓泽,李丰耘,于新华.中国对全球绿色能源和低碳发展的贡献:"一带一路"框架下的经验证据[J/OL].能源,2018,11(6):1527[2020-09-30].https://doi.org/10.3390/en11061527.DOI:10.3390/en11061527.

发展为切入点，加强沿线地区区域治理能力。

二是以全球生态环境治理持续加强为契机，推进"一带一路"绿色发展。在推进绿色低碳转型、保护生态环境成为广泛国际共识的背景下，沿线国家面临的来自国际社会有关环保与气候变化的压力与道德约束将不断加强，提高国内环保标准、降低温室气体排放等是其未来必然的政策选择。中国可利用当前国际生态环境治理形势产生的"倒逼"效应，将"一带一路"绿色发展进程与沿线国家兑现相关国际承诺相结合，鼓励沿线国家在新增基础设施建设、产业转型升级等方面应用绿色低碳技术；同时，中国可立足于本国生态文明建设经验，向沿线国家传播绿色发展理念、分享优秀案例与实践方式，促使其主动接受高水平"一带一路"绿色合作方式与要求，凝聚防范环境风险共识，形成"一带一路"建设与全球生态环境治理相互促进的有利格局。

二、以市场为导向渐进式建立"一带一路"绿色合作模式

一是发挥市场机制优化资源配置的作用，厘清政府与市场的边界。倡导"一带一路"绿色发展的核心目标之一在于推动沿线国家建立兼顾经济发展与环境保护的可持续发展模式，考虑政治支持受政府更迭、财政状况、协商效

率、信息对称情况等影响而存在一定不可控的风险，发挥市场机制关键作用、促进可持续的绿色商业体系是绿色"一带一路"行稳致远的关键。联合国环境规划署也印证了市场途径是解决生态环境问题的有效途径，认为通过基于市场的激励措施应有可能将资本投资转向绿色投资和绿色创新。① 这意味着推进"一带一路"绿色发展应沿着有利于培养绿色市场的思路设计与实施，明确各国政府部门在该进程中的权力边界，保障市场主体经营活动的独立自主性和合法收益，培育市场适度竞争环境，在具备一定基础的领域逐步减少政府影响，拓展企业活动空间，增强企业的环保意识与社会责任认同，形成具有商业活力的绿色低碳产业发展模式。

二是把握政策性支持的力度与方向，精准施策。考虑绿色发展所具有的外部性特征，政策性支持在绿色"一带一路"建设中也应发挥必要的作用与功能。一方面，在"一带一路"绿色发展起步阶段，相关沿线国家政府应承担必要的基础设施建设等任务，并协调选择优先发展的绿色低碳产业类别，该类产业应对上下游相关行业具有一定

①柯斯比.绿色经济有负面影响吗？单边绿色经济追求对贸易、投资和竞争力的影响[M/OL]//联合国贸易和发展会议.通往"里约 + 20"之路.日内瓦:联合国日内瓦办事处出版处,2011:26 (2011-10-28) [2020-09-30].http://dx.doi.org/10.2139/ssrn.1949934.DOI:10.2139/ssrn.1949934.

带动作用，相关方政府部门可视情况为有关项目提供资金与政策扶持，减小其起步期在资金、管理等环节面临的压力；在形成一定产业规模后，逐步降低政策性扶持力度，提高相关行业竞争强度，倒逼技术创新，筛选优质企业与商业模式，为推广绿色发展经验提供实践支持。另一方面，建立沿线地区绿色发展对外援助模式，促进相关方政府间在"一带一路"框架下签署对外援助文件，明确相关文本的绿色标准要求，保证援助资金用于绿色低碳领域，为发展相对滞后的沿线国家提供资金技术支持。值得注意的是，为避免沿线地区产业发展对政策性支持形成过度依赖，相关沿线国家应加强政策协调与产业跟踪，交流绿色产业发展经验，适时调整产业政策导向。

三、丰富绿色市场产品与政策工具，采取多样化实施路径

一是建立区域绿色投融资模式，丰富绿色金融产品选择。为"一带一路"绿色发展进程提供必要的资金支持是落实相关政策与项目的基本条件，中国可在国内绿色投融资体制实践的基础上，推动沿线国家加强"一带一路"绿色投融资建设。首先，支持沿线国家围绕绿色金融合作开展双/多边财金对话，鼓励沿线国家资质良好的银行等金融机构参与建立绿色发展银行、绿色基金等公共金融服务平

台,[1] 鼓励相关金融机构协同完成重大项目投融资工作,降低单一金融机构风险;其次,在政府、市场等传统单一融资方式以外,探索建立跨境"政府和社会资本合作"(即PPP)等公私合作关系协议框架,以各方达成共识的规则保障投资方权益,进一步丰富资金配置渠道;再次,鼓励沿线国家金融机构成立绿色金融协会等行业自律组织,利用该平台设立金融机构绿色标准,创新绿色产品类型,陆续在实践中试点新产品、新模式,建立并运营沿线地区金融信用体系,提高违规者成本代价;最后,对接亚洲开发银行、亚洲基础设施投资银行等多边金融机构,利用气候变化多边进程等多边渠道为需要资助的沿线国家争取国际资金。

二是利用贸易、财税等政策工具促进绿色产品在沿线地区流通。为促进绿色产品市场建设、健全绿色行业产销体系,可考虑在条件允许的沿线国家间探索开展一定水平的绿色贸易,规定货物、服务、知识产权等类型产品的进出口绿色标准,提升绿色产品市场占有率;同时,有针对性地利用关税等财税政策,探索建立跨境绿色产品自由贸易区等绿色园区,为可再生能源商品、节能降碳商品等的

---

① 桑塔瑞斯,谢弗兰,特里卡里科.南北向绿色经济过渡:使出口支持、技术转让和外国直接投资有助于气候保护[R/OL].[2020-09-30]. https://pure.mpg.de/rest/items/item_2035103_1/component/file_2035102/content.

跨境转移与利用提供便利，降低绿色产品国内流通税负，扩大绿色产品生产企业盈利空间。

三是建立"一带一路"绿色技术转移合作机制。鉴于绿色技术是实施绿色低碳发展的基础性和关键性要素，考虑沿线国家在该领域技术水平差别较大的现实，应推动各参与方围绕绿色技术研发利用形成框架性协议，涵盖技术转让、技术传播、技术合作开发等方面，建立专门的绿色技术协调管理机构，为沿线国家间、政府企业间建立绿色技术合作关系提供平台，跟踪绿色技术转让、研发等具体情况，评估绿色技术对沿线不同国家的紧迫性与潜在效果，推动降低绿色技术专利在沿线地区内使用的成本，与各参与方绿色技术研发机构建立伙伴关系，提供学术交流渠道。

四是建立优秀绿色项目案例库。在"一带一路"绿色发展实施进程中，可鼓励相关政府、企业等主体分阶段总结该进程实施中的代表性实践案例并定期汇总，建立"一带一路"优秀绿色项目案例库，为其他国家因地制宜发展绿色经济提供实践参考；同时，筛选年度优秀绿色项目，并向参与国和国际组织重点推荐，在发挥其示范效用的同时，尝试为其争取更优的政策、资金等条件以扩大竞争优势，促使相关行业重视绿色能力建设并逐步将绿色发展内化为其经营战略的有机组成部分。

"一带一路"绿色发展关乎沿线地区乃至全球经济社

会发展和生态环境保护的未来。现阶段，"一带一路"绿色发展尚处于起步阶段，其建设与实施需要沿线国家和地区协同推进、发展。考虑"一带一路"建设的系统性、复杂性，推动其绿色发展进程仍面临政治、经济、文化等领域诸多挑战：一是绿色"一带一路"制度合作框架与指导思路有待明确，推进沿线地区凝聚绿色发展共识；二是绿色"一带一路"与全球绿色转型进程的联系需进一步加强，促进两进程相互促进、相互推动；三是绿色项目筛选、技术转让与合作、施工运营等具体实施方式需形成规范化安排，增加具体项目落地的确定性；四是配套投融资模式尚不成熟，绿色发展融资困境需各方携手克服；五是争议协商等事中事后管理方式还需探索，应持续完善体制机制构建。在单边主义抬头、贸易金融摩擦加剧、地缘政治风险增多的国际背景下，应清晰认识到加强生态环境保护、携手应对气候变化是国际社会的共同愿景与诉求，相比于金融、贸易等传统政治经济领域，该领域议题冲突性较低。在沿线地区强化绿色发展，既满足沿线国家发展需要与民众情感需求，也有望在全球化"退潮期"维护沿线国家协调交流渠道，促进其他领域合作开展。中国作为"一带一路"倡议的发起方和全球生态文明建设的引领者，应推动绿色低碳可持续发展内化为"一带一路"建设共同价值观，立足国内绿色低碳实践，拓展沿线国家绿色合作维度，夯实绿色"一带一路"基础，在"一带一路"建设新阶段与沿线国家一道为全球化进程注入绿色发展动力，推动构建人类命运共同体。

参考文献

(一)著作

[1]习近平.习近平谈治国理政:第一卷[M].2版.北京:外文出版社,2018.

[2]习近平.习近平谈治国理政:第二卷[M].北京:外文出版社,2017.

[3]习近平.习近平谈治国理政:第三卷[M].北京:外文出版社,2020.

[4]习近平.习近平谈"一带一路"[M].北京:中央文献出版社,2018.

[5]习近平.之江新语[M].杭州:浙江人民出版社,2007.

[6]中共中央组织部.贯彻落实习近平新时代中国特色社会主义思想在改革发展稳定中攻坚克难案例:生态文明建设[M].北京:党建读物出版社,2019.

[7]中共中央文献研究室.习近平关于社会主义生态文明建设论述摘编[G].北京:中央文献出版社,2017.

[8]人民日报评论部.习近平讲故事[M].北京:人民出版社,2017.

[9]吴平.共建美丽中国:新时代生态文明理念、政策与实践[M].北京:商务印书馆,2018.

[10]沈满洪,郅玉玲,彭熠,等.生态文明制度建设研究[M].北京:中国环境出版社,2017.

[11]郝清杰,杨瑞,韩秋明.中国特色社会主义生态文明建设研究[M].北京:中国人民大学出版社,2016.

(二)期刊

[1]习近平.深入理解新发展理念[J].社会主义论坛,2019(6):4-8.

[2]习近平.关于《中共中央关于全面深化改革若干重大问题的决

定》的说明[J].求是,2013(22):19-27.

[3]李克强.政府工作报告——2020年5月22日在第十三届全国人民代表大会第三次会议上[J].中华人民共和国国务院公报,2020(16):4-12.

[4]李克强.政府工作报告——2019年3月5日在第十三届全国人民代表大会第二次会议上[J].中华人民共和国国务院公报,2019(9):6-20.

[5]孙金龙.促进人与自然和谐共生　奋力谱写新时代生态环境保护事业新篇章[J].旗帜,2020(9):16-18.

[6]黄润秋.以生态环境高水平保护推进经济高质量发展[J].中国环境监察,2020(9):22-23.

[7]郭兆晖.生态文明建设与转变经济发展方式关系论——基于生态经济学的框架[J].当代经济研究,2014(6):75-79.

[8]李丽.生态文明建设模式:理论、方法与原则[J].自然辩证法研究,2014,30(3):123-128.

(三)报纸

[1]习近平.在联合国生物多样性峰会上的讲话[N].人民日报,2020-10-01(3).

[2]习近平.在第七十五届联合国大会一般性辩论上的讲话[N].人民日报,2020-09-23(3).

[3]习近平.共谋绿色生活,共建美丽家园——在二〇一九年中国北京世界园艺博览会开幕式上的讲话[N].人民日报,2019-04-29(2).

［4］习近平.决胜全面建成小康社会　夺取新时代中国特色社会主义伟大胜利——在中国共产党第十九次全国代表大会上的报告［N］.人民日报,2017-10-28(1).

［5］中共中央关于制定国民经济和社会发展第十四个五年规划和二〇三五年远景目标的建议(二〇二〇年十月二十九日中国共产党第十九届中央委员会第五次全体会议通过)［N］.人民日报,2020-11-04(1).

［6］绿色,中国高质量发展的动人色彩［N］.人民日报,2020-10-26(3).

［7］黄润秋.凝聚共识　携手共进　共建地球生命共同体［N］.人民日报,2020-09-23(10).

［8］郑丽莹.改革开放40年来中国生态文明建设的历史演进与经验启示［N］.中国社会科学报,2019-01-29(4).

［9］国家发展改革委,外交部,商务部.推动共建丝绸之路经济带和21世纪海上丝绸之路的愿景与行动［N］.人民日报,2015-03-29(4).

附件 1

国际社会对"一带一路"绿色发展的响应

　　中国坚定走绿色发展道路，推进生态文明建设，积极参与全球环境治理和加速落实联合国 2030 年可持续发展议程，大力推进"一带一路"绿色发展，展现了推动人类发展繁荣和命运共同体建设的中国智慧和中国担当。中国在全球生态文明建设中的重要参与者、贡献者、引领者角色得了到国际社会的普遍赞誉和积极互动。

　　以下是本书编写组收集整理的国际社会各方对"一带一路"绿色发展和全球生态文明建设等的认识与互动，以期各方携手努力，秉持绿色发展和生态文明理念，共商共建美丽世界。

生态文明是一个只在中国有的概念，其他国家并没有与之相对应的概念。中国为解决人类面临的生态危机而提出的生态文明的概念十分重要，对解决世界环境问题有积极的作用。

——联合国教科文组织助理总干事汉斯·道维勒参加生态文明贵阳国际论坛 2013 年年会"东西方智慧与生态文明"论坛交流时表示

现在世界都希望中国能在解决全球环境问题上起到一个更重要的作用，中国应该成为一个领跑者。中国应该在与其他地区合作时，将生态文明的力量传播出去。

——加拿大可持续发展研究院高级顾问亚瑟·汉森参加生态文明贵阳国际论坛 2013 年年会"东西方智慧与生态文明"论坛交流时表示

作为中国人民对外友好协会发起的"全球 CEO 委员会"委员，我能真切感受到中国领导人实现可持续发展和经济增长的决心。如习近平主席所说，中国需要更多地了解世界，世界也需要更多地了解中国。所以，我希望我们两国能够继续分享经验，相互学习。

——荷兰皇家帝斯曼集团首席执行官谢白曼在 2014 年"中荷经贸合作论坛"上的演讲

最近几次去北京都是晴天，空气很不错，切身感受到中国治理大气污染的成就。2009 年，中国国务院常务会议决定，到 2020 年，中国单位国内生产总值二氧化碳排放比 2005 年下降 40%～45%；"十二五"规划纲要明确提出单位国内生产总值二氧化碳排放降低 17% 的目标；（党的）十八大报告再次强调"单位国内生产总值能源消耗和二氧化碳排放大幅下降"。这一系列措施体现了中国作为一个负责任的大国，主动承担与自身国情、发展阶段和实际能力相符的国际义务的决心。在新常态下，中国已经摆脱了"GDP 至上主义"，正在制定新的目标。

——日本丽泽大学教授梶田幸雄在 2015 年接受《人民日报》记者采访时表示

中国从一个传统农业国迅速完成工业化、现代化，不可避免地产生了环境问题。但中国领导人应对环境问题的决心不言而喻。新的《环境保护法》正式实施，证明中国准备倾力应对这些问题，体现了行动的态度，是一个正确的方向。新法规加大了对污染者的处罚力度，并开启碳交易市场，对中国企业来说，在限额之外的排放将面临严重后果，体现了中国严格执法、保护环境的决心。

——世界环境保护基金中国事务负责人丹·杜德克在 2015 年接受《人民日报》记者采访时表示

经过了 30 多年的工业化发展,中国开始面临空气、水源和土壤污染的问题,这与美国 20 世纪 60 年代末的情形类似。一系列环境污染事件唤醒了中国人的环境意识,同时也让国家领导人采取了更有力的环境保护措施。碳排放交易项目在北京、上海、深圳和广州试行;在一些高污染地区,政府设定了煤炭消费上限。在治理空气、水污染方面,政府也在大力投资。目前中国对可再生资源的投资是超过世界上所有国家的。此外,政府还限制上路汽车数量,调高汽车尾气排放标准,对购买电动车和油电混合车给予鼓励。中国的环保努力不仅有利于中国,也有益于整个世界。

——美国马萨诸塞州史密斯学院历史系教授丹尼尔·加尔德那在 2015 年接受《人民日报》记者采访时表示

中国政府近些年对环境保护非常重视,生态文明建设已经成为中国走可持续发展道路的一个重要战略部署,这是值得赞扬的。目前,环境保护也已经成为广大中国老百姓关注的热点问题,这是一件好事。解决环境保护问题需要中央政府、地方政府、非政府组织和机构、社区和人民群众形成合力。相信在这种合力的推动之下,中国的环境保护将很快取得更大的成绩。环境保护是全球性问题,未来中国可以与其他国家在物种保护、防治大气污染等环境保护的各个方面加强交流和合作。

——东部非洲野生动物保护协会高级职员奈吉尔·翰特尔在 2015 年接受《人民日报》记者采访时表示

中国在低碳能源的使用方面作用极为重要。去年，中国在可再生能源发电能力方面的投资额相当于欧盟和美国的总和。中国是世界上最大的风电市场、水电生产国，每年新增太阳能光伏装机容量比其他任何国家都要多。中国在核能领域也有着巨大的雄心。中国在减少碳排放的同时提升了能源安全，有助于促成更加可持续的能源体系。

——国际能源署署长法提赫·比罗尔在 2015 年《人民日报》上发表的署名文章《乐观预期巴黎大会的理由》中的观点

相关研究表明，到 2050 年，中国的国内生产总值会有巨大增长，作为世界经济大国，中国的能源消耗总量也将处在高位。在这种情况下，过度依赖石油、煤炭不仅将带来更多碳排放，而且是危险的。因为石油和煤炭资源终究会枯竭，到那时再大力发展非化石能源为时已晚。中国加大节能减排力度，积极研发、应用风能等清洁能源可以引领潮流。

中国在太阳能、风能等多个可再生能源领域的研究开发、推广应用都走在世界前列，美中两国在可再生能源方面有很大合作潜力。

——美国落基山研究所副所长、中国项目负责人约翰·克莱特斯博士在 2015 年接受《人民日报》记者采访时表示

中国近年来在生态文明建设方面下了很大功夫，也取得了较为明显的进展。有着"史上最严"之称的新环保法于 2015 年正式开始实施，加大了对环境违法行为的处罚力度，增加了信息公开，倡导公众参与，对环保部门加大执法力度具有十分重要的意义。

——印度尼西亚资深政治分析师、《印华日报》总编辑李卓辉在 2016 年接受《人民日报》记者采访时表示

最近几年，中国出台了很多环保政策，把节能减排、绿色发展作为衡量经济社会综合发展的重要指标。在中国政府的大力推动下，中国在生态文明建设方面取得了可喜成绩。清洁能源在中国能源使用结构中的比例越来越大，低碳出行正成为新的社会风尚。

——比利时布鲁塞尔中欧研究院资深研究员邓肯·弗里曼在 2016 年接受《人民日报》记者采访时表示

中国对待环境保护的态度值得肯定，在治理环境污染方面也为发展中国家作出了好的表率，是全球治理环境污染问题最积极的国家之一。此前，中国同美国共同发布的气候变化联合声明就提到了中国减少碳排放的积极计划。目前中国的碳交易市场正逐步发展完善，中国也在努力控制煤炭造成的环境污染，并着力发展风能、太阳能等可持续能源。中国一直在积极努力推动产业结构优化，实现绿色发展，以帮助更好保护我们的地球。

——巴西经济学家、中国问题专家罗尼·林斯在2016年接受《人民日报》记者采访时表示

中国有节能减排等环境保护战略非常好。中国在改变依靠煤炭和石油的能源结构，太阳能和风能的增加是一个好的迹象，有助于能源结构转变。交通运输领域是二氧化碳排放最多的领域之一，中国在该领域正通过引进更多的替代燃料来调整。

——瑞典环境科学研究院副院长埃肯格伦高度评价"绿水青山就是金山银山"论

中国政府宣布投入超过1.7万亿元人民币的资金开展土地整治，环保部门从全国抽调环境执法人员在京津冀等主要城市开展大气污染防治强化督查。这些举措都表明了

中国对治理环境的坚定决心。习近平主席提出的生态文明建设理念要求加大力度治理大气污染，不仅可以切实保障中国百姓的身体健康，还能福泽韩国等东北亚地区国家。

——韩国环境部国立环境科学院院长朴辰远高度评价"绿水青山就是金山银山"论

金砖国家过去 10 年完成了一些实质性的工作，如成立了金砖国家新开发银行，已完成和正在进行的项目均重视绿色投资和节能投资，为未来搭建最佳架构。

——美国库恩基金会主席罗伯特·劳伦斯·库恩评价习近平主席在金砖国家领导人厦门会晤上的重要讲话

我们这个世界已经不是文明之间的对抗，而是一个共同寻求和谐以及生态发展的世界。不是要把任何的想法或者任何的发展路径去强加给其他国家，而是和其他国家通过一个共商、共建、共享的原则共同发展，所以我们想要和谐，而非霸权，这也是生态文明背后一个非常重要的概念。当然，生态文明也是全球的概念。

——非洲政策研究所所长彼得·卡戈万加在 2017 年"中共十九大：中国发展和世界意义"国际智库研讨会上的发言

人与自然的和谐关系是在过去这个世界中都受到了摧毁和影响的，我们目前需要的是重塑这方面的和谐，而中国在这方面采取了一种领先的姿态，这可以进一步推动以人为本的绿色发展。

——印度孟买观察家基金会主席苏廷德拉·库尔卡尼在 2017 年"中共十九大：中国发展和世界意义"国际智库研讨会上的发言

在当前世界政治不确定性和不稳定性增加的背景下，习近平主席在达沃斯世界经济论坛上发表了一次"具有政治战略眼光的、历史性的、与众不同的"演讲。习近平主席在讲话中力挺开放的全球经济以及勇于探索具有创新、远见、开放性的新经济增长模式。习近平主席强调，所有国家都必须共同面对气候变化问题，必须加强全球联系，并对贸易保护主义趋势抬头"叫停"。与此同时，还将照顾到每个国家的国情。习近平主席出席达沃斯世界经济论坛，向世界传递了他对经济全球化造福人类的认知，也发出了增进互信的呼吁。讲话内容令人振奋，为世界经济指明了方向。

——瑞中协会主席、苏黎世原市长托马斯·瓦格纳在参加世界经济论坛 2017 年年会开幕式后接受《经济日报》记者采访时表示谋发展，需要长远地考虑全体人民的未来与福祉，而非一时之利，而这正是习近平主席的生态文明发展理念。这也正是我对中国生态文明发展寄予厚望的重要原因所在。

——美国国家人文科学院院士小约翰·柯布在 2018 年全国生态环境保护大会会后接受新华社记者采访时表示

习近平主席的讲话强调政策的落实与执行，这将确保带来真正的改变。特别是习近平主席提出调整经济结构和能源结构，可以预见中国将加速转向清洁能源，风能、太阳能、潮汐能等清洁能源将迎来较快发展，同时传统能源也将通过新技术运用而变得更为清洁。

——美国卡特政府法律顾问、全球化智库特约研究员哈维·朝鼎在 2018 年接受《人民日报》记者采访时评价习近平在全国生态环境保护大会上的讲话

近年来，中国在环保科技领域的创新与发展取得了亮眼成绩。比如，中国在太阳能等清洁能源及绿色产业方面已跻身全球前列。中国在移动支付、共享经济等领域更引领世界潮流，这也有力促进了环保产业的发展。

——联合国副秘书长兼联合国环境规划署执行主任埃里克·索尔海姆在 2018 年接受新华社记者采访时表示

过去五年间，中国在空气治理方面取得了史无前例的进步，可吸入颗粒物水平显著降低，让人们生活在更加健康的环境中。中国将在保证经济健康增长的同时，继续降低空气污染。目前各省已开展了一些行动，未来还应继续增加排放者的污染成本，相信中国可以在发展经济和保护环境之间达到一种平衡。

——美国芝加哥大学能源政策研究所经济学家迈克尔·格林斯通在2018年全国生态环境保护大会会后接受新华社记者采访时表示

中国的环保举措一方面反映出自身清晰的环境资源保护意识，另一方面也倒逼欧洲等地的环保行业研发新技术，使塑料垃圾等能够循环和可持续利用。

——德国富尔达应用科学大学垃圾与环境企业经济研究所所长海因茨-格奥尔格·鲍姆在2018年全国生态环境保护大会会后接受新华社记者采访时表示

在经历了数十年经济高速发展后，中国更加重视环保和发展绿色经济，各方面的发展需求也刺激了中国走向绿色创新之路。中国将成为全球开发和使用电动交通运输方式的先驱者。中国已有巨大的国内市场试用低排放甚至零排放的汽车、公交车和卡车。同时，中国也正在同其他国家合作开发应用诸如此类的新科技。

——悉尼大学商学院中国工商管理学教授汉斯·杭智科接受人民网记者关于 2018 年"两会"专访时表示

"绿色发展""生态文明"等理念和词汇已被纳入联合国文件,是中国智慧对全球治理的贡献。

——联合国副秘书长兼联合国开发计划署署长施泰纳接受人民网记者关于 2018 年"两会"专访时表示

中国践行"人类命运共同体"理念,是将自身发展寓于深度的国际合作和广泛的国际贡献之中:在区域合作方面推动"一带一路"建设,在气候变化问题上走绿色发展之路,在国际安全领域积极参加联合国主导的维和行动。

——联合国国际贸易中心执行主任阿兰查·冈萨雷斯评价习近平主席在瑞士发表的人类命运共同体演讲

对于广大发展中国家来说,"上海精神"的一大要义就是发展。习近平主席把发展观摆在首位,在共享发展成果的过程中,中国以基础设施建设为切入点,关注技术和人力资源领域投资,注重保障绿色发展的可持续性。中国提出"一带一路"倡议时突出了绿色理念。习近平主席提出的发展观和合作观,有助于合作伙伴之间形成共赢关系,未来真正实现全球的共同繁荣。

　　——埃及外交部原部长助理、埃及外交事务委员会委员西夏姆·宰迈提在2018年上海合作组织成员国元首理事会第十八次会议上的发言

　　中国把生态文明建设纳入"五位一体"总体布局，使之与经济发展和社会进步具有同等的重要性。

　　——美国库恩基金会主席罗伯特·劳伦斯·库恩在2019年北京世界园艺博览会开幕式后接受《人民日报》记者采访时表示

　　北京世园会汇集了世界各国园艺创新资源和科技创新成果，人们可以在此分享绿色发展经验。

　　——巴西中国问题研究中心主任罗尼·林斯在2019年北京世界园艺博览会开幕式后接受《人民日报》记者采访时表示

　　本次世园会展现中国农业、园林在科技方面的创新成果，其他国家也可以与中国分享生态发展方面的经验。

　　——法国中国问题专家皮埃尔·皮卡尔在2019年北京世界园艺博览会开幕式后接受《人民日报》记者采访时表示

近年来，中国政府提出创新、协调、绿色、开放、共享的新发展理念，在环境保护和治理方面取得巨大进展的同时，保持了经济的中高速发展，这对众多发展中国家来说具有示范作用。

——美国环保协会国际总裁茹冠洁在 2019 年北京世界园艺博览会开幕式后接受《人民日报》记者采访时表示

中国注重推进可持续发展，作出了转变发展方式的决定，并予以实施。中国所做的不仅仅是控制污染，同时还进行科技和生产条件创新等，这对其他国家提供了有益参考。

——智利安德烈斯·贝略大学拉美中国问题研究中心主任费尔南多·雷耶斯·马塔在 2019 年接受新华社记者采访时表示

中国倡导的生态文明和绿色发展实际是试图寻找兼顾经济发展和环境保护的道路，这是很了不起的探索，我希望它能成功。

——美国国家人文科学院院士、中美后现代发展研究院创院院长小约翰·柯布的言论

中国提出生态文明是全球治理中国方案的绿色治理内

容，在国际上产生了巨大影响，为全球绿色治理和发展作出了重要贡献。

——印度德里大学环境保护学教授库马尔的言论

中国在应对全球气候变化和实现可持续发展方面走在正确的道路上。

——世界经济论坛总裁博尔格·布伦德的言论

赞赏中国为应对气候变化和建设绿色"一带一路"等方面所作的重要贡献，期待中国在气候变化等领域继续发挥引领作用。

——联合国秘书长古特雷斯的言论

中国坚定维护多边主义，维护公平正义，维护《联合国宪章》的宗旨和原则，发挥了重要的稳定作用，给世界以确定性、信心和希望。"一带一路"倡议同联合国 2030 年可持续发展议程、应对气候变化《巴黎协定》相一致。各国应当抓住"一带一路"合作带来的机遇，实现互利共赢。历史将证明，中国的发展不仅是不可阻挡的历史潮流，也是对人类进步的重大贡献。

——联合国秘书长古特雷斯与中国国家主席习近平于2019 年在北京人民大会堂会见时的讲话

　　我非常赞成习主席提出的构建人类命运共同体的理念，欧洲和中国应该携手推动各领域合作不断深入。我们需要共同建设地球，把人类前途命运掌握在自己手中。习主席就推动全球化、加强国际合作传递出十分积极的信号。

　　——欧盟国际合作与发展总司总司长斯特凡诺·曼塞尔维西在 2019 年接受《人民日报》记者采访时表示

　　许多中国公司来马来西亚设立地区办公室或分支机构，阿里巴巴集团也在马来西亚设立了世界电子贸易平台首个海外试验区，这些都是两国"一带一路"合作带来的成果。期待中方同马方开展绿色经济和绿色科技产业合作，助力马来西亚经济社会可持续发展。

　　——马来西亚投资发展局局长、马中友好协会会长马吉德在 2020 年 9 月出席中国国际文化交流中心"一带一路"绿色发展研究院东盟分院揭牌仪式上的讲话

　　我高度赞赏习近平主席日前在联合国大会上宣布中国在践行多边主义、应对气候变化、促进可持续发展等方面提出的一系列重大倡议和举措，支持中国推动共建"绿色丝绸之路"，支持中国同非洲和发展中国家深化合作。

　　——联合国秘书长古特雷斯与中国国家主席习近平于 2020 年 9 月以视频方式会见时的讲话

　　"绿水青山就是金山银山"理念正在影响着中国，也应给世界带来启示，让世界看到绿色发展所带来的众多机遇，比如创造就业，促进经济发展，更会为人类创造更美好的未来。此外，中国"一带一路"建设可以朝着更加"绿色"的方向发展，使之成为地球生态文明建设的重要载体。

　　——联合国原副秘书长兼联合国环境规划署执行主任埃里克·索尔海姆于 2020 年 9 月在中国日报社举办的"新时代大讲堂"上的演讲

　　国际社会要克服当今的脆弱性和挑战性，需要有更多的国际合作。多边主义一直是联合国亚洲及太平洋经济社会委员会的核心，我们希望致力于和中国以及所有成员、合作伙伴共同携手，使"一带一路"的倡议和联合国 2030 年可持续发展议程保持一致，帮助各国重建更好的环境，朝着更绿色的方向发展。

　　——联合国亚太经社会副执行秘书卡伟·扎赫迪在 2020 年 9 月首届"一带一路"绿色发展大会上的讲话

　　"一带一路"的概念非常重要，它有助于我们实现国际社会的团结。"一带一路"规模史无前例，在不同的区域间建立起来了规模巨大的基础设施，并对数十亿人的生活产生了积极的影响。"一带一路"能够让我们这个地区更加繁荣、和平，希望中国可以在这方面做更多的努力。

——日本原首相鸠山由纪夫在 2020 年 9 月首届"一带一路"绿色发展大会上的讲话

对于中国来说，当下是引领世界加速全球减排行动的最好时机。在气候变化上启动更加积极的目标，有利于国家的可持续发展与广大人民的根本利益。"绿色经济"也将对 GDP 起到积极促进作用，预计将于 2050 年贡献超过 2% 的 GDP。同时，国家的能源安全也将受到保护，化石燃料消耗预计减少约 80%，将大幅降低对不可再生、进口能源的依赖。在清洁能源的加持下，中国的出口竞争力亦会大幅度提升。

——波士顿咨询公司董事总经理、全球合伙人、社会影响力专项中国区核心领导托马斯·帕尔玛在 2020 年的言论

中国不久前提出的努力争取 2060 年前实现碳中和，是一个非常棒的消息。非常欢迎中国的承诺，并且也看到中国为应对气候变化所作出的努力。中国正在摆脱煤炭能源，使用太阳能等清洁能源，大范围推广电动汽车，这些是缓解气候变化危机的行动，同时也会带来经济效益。优化能

源结构和公共交通系统，如果中国的目标实现了，这将切实缓解全球变暖的挑战。国际社会已经看到中国现同欧盟一道，推进绿色可持续发展，这是非常好的消息，希望美国也可以尽快加入这一行列。

——世界气象组织秘书长佩蒂瑞·塔拉斯在 2020 年接受中央电视台记者采访时表示

附件1 参考文献

[1]鲍光翔.中外专家:中国将引领世界生态文明发展[EB/OL].
（2013-07-19）[2020-09-29].http://www.chinanews.com/gn/2013/
07-19/5064506.shtml.

[2]刘怡然,周良,周檬,等.国际社会积极评价习近平在纳扎尔巴耶
夫大学的演讲[EB/OL].（2013-09-08）[2020-09-29].http://www.
xinhuanet.com/world/2013-09/08/c_117273077.htm.

[3]陈效卫,李永群,刘军国,等.外国专家学者积极评价中国生态
保护成就[EB/OL].（2015-03-04）[2020-09-29].http://www.
gov.cn/xinwen/2015-03/04/content_2825184.htm.

[4]王欲然,李永群,倪涛,等.国际社会高度评价中国保护生态的
举措和智慧[EB/OL].（2015-03-05）[2020-09-29].http://cpc.
people.com.cn/n/2015/0305/c219372-26639950.html.

[5]比罗尔.乐观预期巴黎大会的理由[EB/OL].（2015-12-03）
[2020-09-29].http://opinion.china.com.cn/opinion_31_141931.
html.

[6]张朋辉.美国专家:中国应对气候变化的努力有目共睹[EB/
OL].（2015-12-13）[2020-09-29].http://news.china.com.cn/
world/2015-12/13/content_37302556.htm.

[7]姜波,庄雪雅,陈效卫,等.谱写绿色发展新篇章——国际人士
高度评价中国生态文明建设[EB/OL].（2016-03-08）[2020-09-
29].http://env.people.com.cn/n1/2016/0308/c1010-28180693.
html.

[8]吴雨霏.英媒:中国杭州 G20 推动绿色金融正当时［EB/OL］. (2016-08-17)［2020-09-29］.http://www.xinhuanet.com//world/ 2016-08/17/c_129236008.htm.

[9]郭洋,王小鹏,金正,等.推动美丽中国建设的强大动力——海 外关注习近平总书记在全国生态环境保护大会上的讲话［EB/ OL］.(2018-05-20)［2020-09-29］.http://world.people.com.cn/ n1/2018/0520/c1002-30001462.html.

[10]任彦,林芮,刘军国,等.中国为实现可持续发展作出榜样—— 国际人士积极评价习近平总书记在全国生态环境保护大会上 的重要讲话［EB/OL］.(2018-05-21)［2020-09-29］.http:// www.gov.cn/xinwen/2018/05/21/content_5292344.htm.

[11]李铭,朱瑞卿,唐璐,等.国际社会高度评价习近平主席在上海 合作组织青岛峰会上的重要讲话［EB/OL］.(2018-06-10) ［2020-09-29］.http://world.people.com.cn/n1/2018/0610/c1002- 30048492.html.

[12]常红,王欲然,贾文婷,等.习近平"绿色治理"观:世界认同体 现中国担当——国际社会高度评价"绿水青山就是金山银山" 论［EB/OL］.(2017-06-07)［2020-09-29］.http://cpc.people.com. cn/n1/2017/0607/c64387-29322571.html.

[13]刘晨曦.国际社会点赞中国:绿水青山就是金山银山［EB/OL］. (2017-10-18)［2020-09-29］.http://f.china.com.cn/2017-10/18/ content_50040301.htm.

[14]徐海静,聂晓阳,施建国,等.国际社会热议习近平主席在金砖

国家领导人厦门会晤上的重要讲话［EB/OL］.（2017-09-04）
［2020-09-29］.http：//www.gov.cn/xinwen/2017-09/04/content_
5222644.htm.

［15］王志远,李鸿涛,翟朝辉,等.国际舆论热议习近平主席在世界
经济论坛年会上的主旨演讲:中国将在全球治理中发挥更重
要作用［EB/OL］.（2017-01-18）［2020-09-29］.http：//finance.
people.com.cn/n1/2017/0118/c1004-29031327.html.

［16］曹宇.中外专家热议十九大报告"人与自然和谐共生"理念
［EB/OL］.（2017-11-18）［2020-09-29］.http：//news.cnr.cn/dj/
20171118/t20171118_524030982.shtml.

［17］张梦旭,殷淼,张晓东,等.引领世界破解时代难题——国际人
士积极评价习近平主席在上合组织青岛峰会上的重要讲话
［EB/OL］.（2018-06-14）［2020-09-29］.http：//news.youth.cn/
jsxw/201806/t20180614_11644187.htm.

［18］张慧中,李志伟,黄培昭,等.共建美丽地球家园　共建人类命
运共同体——习近平主席在 2019 年中国北京世界园艺博览
会开幕式上的讲话引发国际社会热烈反响［EB/OL］.（2019-
05-02）［2020-09-29］.http：//world.people.com.cn/n1/2019/0502/
c1002-31061381.html.

［19］刘芳,张骁,王丽丽,等.国际社会热议习近平主席在北京世界
园艺博览会开幕式上的重要讲话［EB/OL］.（2019-04-29）
［2020-09-29］.http：//www.xinhuanet.com/politics/2019/04/29/
c_1124434870.htm.

［20］刘仲华，李志伟，李琰.国际人士热议习近平主席在中法全球治理论坛闭幕式上的重要讲话［EB/OL］.（2019-03-27）［2020-09-29］. http://www.gov.cn/xinwen/2019-03/27/content_5377272.htm.

［21］唐锐公使出席"一带一路"绿色发展研究院东盟分院揭牌仪式［EB/OL］.（2020-09-28）［2020-10-01］. http://my.china-embassy. org/chn/sgxw/t1819304.htm? from = singlemessage&isappinstalled = 0&scene = 1&clicktime = 1601283427&enterid = 1601283427.

［22］习近平会见联合国秘书长古特雷斯［EB/OL］.（2020-09-23）［2020-10-01］. http://www.xinhuanet.com/politics/leaders/2020-09/23/c_1126532678.htm.

［23］联合国原副秘书长：中国绿色发展经验值得世界各国学习［EB/OL］.（2020-09-25）［2020-10-01］. https://cn.chinadaily. com.cn/a/202009/25/WS5f6df0c1a3101e7ce9726b73.html.

［24］李寅峰.首届"一带一路"绿色发展大会在京召开［EB/OL］. （2020-09-28）［2020-10-01］. http://www.rmzxb.com.cn/c/2020-09-28/2678987.shtml.

［25］程晖.积极气候目标将为中国创造多方位机遇［N/OL］.中国经济导报，2020-10-29（2）［2020-11-18］.http://www.ceh.com.cn/ep_m/ceh/html/2020/10/29/02/02_53.htm.

"一带一路"绿色发展的实践案例

　　绿色是"一带一路"建设的底色，中国正在以实际行动为"一带一路"绿色发展提供支撑。随着"一带一路"建设的深化，"一带一路"绿色发展和环境国际合作开花结果，"一带一路"绿色发展的实践正在为全球可持续发展事业贡献力量。

　　以下是本书编写组基于相关文献收集整理的中国与"一带一路"共建国家绿色发展的实践案例，以期加强全球绿色发展务实合作、深化全球生态文明交流，推动落实"一带一路"绿色发展走深走实，推动全球生态文明建设迈向新台阶。

哈萨克斯坦——中信环境技术哈萨克斯坦 "一带一路"首个环保项目进展顺利

由中信环境技术投资的卡拉赞巴斯油田采出水回用项目（以下简称"KBM 项目"），是中国与哈萨克斯坦"一带一路"55 个重点项目之一，该项目争取 2020 年底前正式投入商业运营。

据悉，KBM 项目总投资额约为 6500 万美元，日产水能力 17000 立方米。项目旨在将油田采出水经过深度处理后作为油田蒸汽开采所需的锅炉给水水源，不仅能极大减少油田采出水回注所可能造成的环境污染问题，也实现了油田采出水的资源化利用，使得哈萨克斯坦 KBM 公司摆脱了对高成本伏尔加河水的依赖。与此同时，项目实施后，不仅可以有效减少油田采出水的回注，还可以增加 KBM 油田产量，降低采油成本，对于 KBM 油田的长期生产具有重大意义。

KBM 项目是中信环境技术响应国家"一带一路"倡议落地哈萨克斯坦的第一个环保项目。哈萨克斯坦前总统纳扎尔巴耶夫在北京参加"一带一路"国际合作高峰论坛时对本项目高度赞扬，并表示会支持中信环境技术有限公司在哈萨克斯坦其他油田推广复制类似项目。

中信环境技术作为中信集团践行国家生态文明建设及

"一带一路"发展倡议的环保平台,始终注重发挥自身技术、品牌、资金及管理的综合优势,积极响应国家号召,顺应全球发展趋势,主动承担经济、社会、环境三重责任,顺势而为。面对国家新倡议实施的历史机遇,中信环境技术肩负使命,勇于创新和实践,为"一带一路"沿线国家和地区的经济绿色可持续发展,提供中信方案,助力全球环境治理,共享机遇,共赢挑战。

巴基斯坦——沙漠治理中植入"绿色经济"

巴基斯坦的五大沙漠面临着约 30 年前中国的库布齐沙漠的问题。面对沙漠化问题,巴基斯坦政府先后出台了一些政策,如 2001 年实施了塔尔沙漠灌溉渠(1 期和 2 期)工程,耗资 300 亿卢比,但收效甚微;2016 年旁遮普省的中央发展工作组财政拨款 62 亿卢比,加大塔尔沙漠的治理力度。

2016 年 11 月,中国亿利资源集团宣布与巴基斯坦达成合作,要在巴基斯坦五大沙漠中植入"沙漠经济"和"绿色经济",利用公司在国内改善沙漠生态环境的经验,联手巴基斯坦政府,开展大规模的治沙项目。

这项治沙项目,预计可以在以下几个方面为巴基斯坦居民提供帮助:亿利传授给巴基斯坦居民种植甘草的经验,甘草既可以固沙又是纯天然的绿色草药；沙漠的资源还可以用来制订其他生物科技发展计划，比如"碳汇"森林区；参考中国国内的治沙经验，在沙漠建立低碳城镇，从而消除沙漠地区的贫困，将该地的产业工人生活水平提高至城市居民生活水平。

英国——中英共同研究推进"一带一路"绿色投资

2016 年以来，中英两国共同主持 G20 绿色金融研究小组，发起中英绿色金融工作组，推动两国金融机构加强绿色金融创新和绿色债券市场互联互通。中英共同推出《中英金融服务战略规划》，内容涵盖绿色金融、金融科技、"一带一路"计划以及普惠金融。2018 年，中英启动中英绿色金融中心，深化绿色金融合作，共同推动"一带一路"投资环境风险管理的自愿准则、绿色资产证券化措施、环境信息披露工作试点等。2019 年 11 月，中国金融学会绿色金融专业委员会与伦敦金融城绿色金融倡议共同发布了《"一带一路"绿色投资原则》，引导项目与投资符合绿色标准。

"一带一路"倡议的绿色发展对于确保实现全球气候变化目标、提供大量绿色基础设施以及逐步淘汰煤炭的使用至关重要。随着越来越多的中国公司走向全球，以及许多外国企业进入中国市场，深化在可持续发展和绿色金融领域的合作将带来巨大机遇。相应地，中国绿色债券市场正迅速发展，目前已有多家中资银行在伦敦证券交易所发行了绿色债券。

越南——光大国际大力投资清洁能源项目

芹苴市是越南五大直辖市之一，近年来随着经济的高速发展和城市的持续扩张，生活垃圾不断增加，这成为当地面临的重大挑战。2016 年 7 月，由中国光大国际有限公司（以下简称"光大国际"）投资、建设和运营的芹苴垃圾焚烧发电项目正式开工建设，2018 年 11 月建成投产，为当地经济发展和环境保护提供助力。

项目建成后，每天都有数百吨来自芹苴市附近的生活垃圾被卡车运到这里，经全自动称重后卸至封闭式垃圾仓，堆放发酵 5 至 7 天后，再被送入温度 950℃ 以上的焚烧炉，经干燥、加热、分解、燃烧等流程，最终产生可供周边企业利用的绿色电能，在提供清洁能源的同时，也为当地带去一片蓝天。

此外，项目也为越南带来了大量的就业岗位和人才培训机会。芹苴垃圾发电项目的越方员工占工作人员总数的九成以上，且有约 20 名本地骨干员工被送到中国接受培训，成为相关专业领域的技术带头人。

塞尔维亚——与紫金矿业合力打造绿色矿山

紫金矿业于 2018 年 12 月增资实现对塞尔维亚波尔铜矿收购，是迄今为止中国对塞最大投资项目，收购半年内即扭亏为盈。目前，塞尔维亚紫金铜业正在对下设的 4 座矿山和冶炼厂进行技改扩建，建成后将达到矿产铜 12 万吨，冶炼产铜 18 万至 20 万吨的产能。

2020 年以来，塞尔维亚紫金铜业加快推进尾矿库边坡治理，全面推进矿区绿色生态环境治理，着力打造在塞中资企业"绿色矿山"新样板。

原老波尔铜矿尾矿库边坡坡面大、扬尘大、风蚀严重，生态恢复较为困难。紫金矿业进驻后，加强跟踪研究，克服系列困难，积极邀请当地环保单位参与，取得了较大突破。目前已组织实施系列生态恢复、绿化治理项目，完成 2 个尾矿库边坡绿化、19.19 万平方米矿山绿化、5.5 万株苗木种植，矿区及厂区面貌焕然一新，获得社区和当地员工的广泛认可。

德国——德国商业银行签署
《"一带一路"绿色投资原则》

2019 年 11 月 12 日，德国商业银行在上海举行的新闻发布会，宣布该行签署了《"一带一路"绿色投资原则》。《"一带一路"绿色投资原则》旨在将低碳和可持续发展议题纳入"一带一路"沿线国家的项目中，该原则由中国金融学会绿色金融专业委员会和伦敦金融城绿色金融倡议牵头起草，"一带一路"银行家圆桌会议、国际金融公司、世界经济论坛和保尔森基金会等国际组织也参与完成。

《"一带一路"绿色投资原则》主要包括以下几点原则：将可持续性纳入公司治理；充分了解环境、社会和治理风险；充分披露环境信息；加强与利益相关方沟通；充分运用绿色金融工具；采用绿色供应链管理；通过多方合作进行能力建设。

德国 30% 以上的外贸业务都通过德国商业银行结算，该行也对"一带一路"沿线的企业和机构客户提供支持。《"一带一路"绿色投资原则》扩大了德国商业银行推进中国"一带一路"沿线绿色投资的承诺。

菲律宾——熊猫绿能开启清洁能源的创新发展模式

2017 年 5 月，全球领先的生态发展解决方案供应商——熊猫绿色能源集团有限公司（以下简称"熊猫绿能"）与菲律宾达成合作，熊猫绿能董事会主席李原与菲律宾总统特使签署了战略合作协议。

根据协议，双方将在菲律宾能源及基础设施等领域开展全方位的深度合作，并且全力推动联合国开发计划署与熊猫绿能合作的"熊猫电站"早日在菲律宾落地。菲律宾总统杜特尔特曾多次称赞中国"一带一路"倡议，肯定其在国际合作中发挥的重要推动作用。此次熊猫绿能与菲律宾企业签约将会是中菲两国"一带一路"绿色生态合作的最佳样板。

菲律宾电力基础设施有很大发展空间，可再生能源的开发潜力巨大。熊猫绿能在清洁能源领域拥有丰富的经验和国内外资源，同时也是中国"一带一路"倡议中最重要的绿色生态超级平台。未来，熊猫绿能将为菲律宾提供一个集风、光、水、储等清洁能源为一体，多能互补的绿色生态发展解决方案，推动菲律宾的能源结构转型，开启当地清洁能源的创新发展模式。

葡萄牙——中国和葡萄牙推进"蓝色经济"

葡萄牙是首个与中国签署共建"一带一路"谅解备忘录的西欧国家，也是欧盟国家中首个与中国正式建立"蓝色伙伴关系"的国家。2019 年正值中葡建交 40 周年，以此为契机和新起点，两国推动中葡海洋合作不断向前发展，使海洋合作成为中葡合作的新亮点。习近平主席提出两国要开展海洋合作，做"蓝色经济"的先锋。2018 年 12 月在里斯本发布的《中华人民共和国和葡萄牙共和国关于进一步加强全面战略伙伴关系的联合声明》中也指出，葡萄牙愿意参与共建"一带一路"倡议，不断深化海洋领域合作，发展中葡"蓝色伙伴关系"，实施海洋合作联合行动框架计划，推动两国海洋经济发展。

巴布亚新几内亚——促进当地森林资源可持续利用

巴布亚新几内亚是中国"一带一路"倡议在南太平洋地区的重要参与国家之一。该国具有丰富的森林资源，其中热带雨林面积超过 30 万平方千米，占国土面积 70% 以上。但限于经营理念、技术等原因，该国长期以来对森林资源的开发利用方式较为粗放，迫切希望中资企业赴巴布亚新几内亚投资农林综合开发项目，以促进当地森林资源可持续利用，同时增加当地就业和税收，并减少贫困。

2015 年 8 月，中国深圳汇华丰德投资控股有限公司与巴新土地主联盟公司就"中（国）巴（新）农林综合开发项目"在北京签订合资协议。中国以开发、管理、运营、销售等所需资金及整合资源能力条件入股，并主导合资公司全面管理和运营；巴布亚新几内亚以土地使用权及附属农林自然资源入股，同时负责协调与当地土地主的关系，共同进行农林产业开发建设。

两国积极进行合作开发规划，按适宜农作物种植、避开生态脆弱地段、土地尽量集中连片、与现有发展规划相衔接等原则开展森林资源利用，并在木材开发皆伐区、平缓的台地或缓坡地种植油棕等品种，在河流冲积平地种植水稻、莎谷等经济作物。农林综合开发合作，不仅改善了当地的经济发展状况，也有效促进了当地森林资源的可持续利用以及生态环境的改善。

巴西——国家电网"世纪工程"守护南美明珠青山绿水

巴西美丽山水电特高压直流送出二期工程（以下简称"美丽山二期工程"）的成功投运，是中国国家电网有限公司积极服务"一带一路"建设、全面落实"走出去"战略的一个缩影。

　　美丽山二期工程被称为巴西的"世纪工程",直面巴西史上最严环境评价。在巴西,光是环境保护法律法规就多达 2 万余条,让巴西斩获了"世界上环保法规最多国家"的桂冠。为确保工程能够在规定时间内顺利开工,中国国家电网巴西控股公司先后聘请了 400 多人次的动植物专家、社会及环保专家,实施全过程管理。工程团队发现并保护动植物 1700 余种,最终提交的环境调查报告和环境影响评估报告达 56 卷,并提出地理环境保护、动植物保护及疟疾防控等 19 个方案,召开了 12 场公开听证会。电力铁军苦战巴西,"世纪工程"守护南美明珠青山绿水。美丽山二期工程,在巴西留下了一抹动人的"国网绿"。

附件 2 参考文献

［1］中信环境技术哈萨克斯坦"一带一路"首个环保项目进展顺利［EB/OL］.（2019-12-24）［2020-09-30］.https://www.huanbao-world.com/a/mingqi/2019/1224/160319.html? 1577245481.

［2］武守哲.巴基斯坦五大沙漠区有望获中企投资治沙造城［EB/OL］.（2016-12-05）［2020-09-30］.https://www.guancha.cn/Neighbors/2016_12_05_382963.shtml.

［3］何曦悦.中英两国绿色金融合作潜力巨大［EB/OL］.（2020-01-15）［2020-09-30］.http://www.tanpaifang.com/tanjinrong/2020/0115/67732.html.

［4］王迪.变废为宝 清洁发电——越南芹苴垃圾发电项目助力共建绿色"一带一路"［EB/OL］.（2019-04-12）［2020-09-30］.http://www.xinhuanet.com/world/2019-04/12/c_1124358136.htm.

［5］塞尔维亚紫金铜业打造"绿色矿山"新样板［EB/OL］.（2020-08-03）［2020-09-30］.http://www.zjky.cn/news/zjnews-detail.jsp?id=118141.

［6］李曦子.德国商业银行签署"一带一路"绿色投资原则［N/OL］.中国建设报, 2019-11-18［2020-09-30］.http://www.chinajsb.cn/html/201911/18/6140.html.

［7］"一带一路":熊猫绿能将与菲律宾在能源、基础设施等领域开展合作［EB/OL］.（2017-05-15）［2020-09-30］.http://www.xin-huanet.com/energy/2017-05/15/c_1120973776.htm.

［8］洪丽莎,毛洋洋,曾江宁.中国和葡萄牙海洋科技合作实践［J］.

海洋开发与管理,2020(5):10-13.

[9]邹全程,冯晓川,慕晓炜,等."一带一路"背景下中国与巴布亚新几内亚农林综合开发利用合作探析[J].世界林业研究,2020,33(1):110-115.

[10]王文,杨凡欣."一带一路"与中国对外投资的绿色化进程[J].中国人民大学学报,2019,33(4):10-22.

[11]朱怡,张云,邹未.国网服务"一带一路"建设促进中巴互利共赢[EB/OL].(2019-11-14)[2020-09-30].http://www.cpnn.com.cn/zdyw/201911/t20191113_1174924.html.

鸣　谢

感谢中国国际文化交流基金会正心诚意基金对此书出版的大力支持！

后　记

　　谨以此书献给中国共产党建党 100 周年。

　　本书编写组主要参与者为中国人民大学/中国国际文化交流中心汪万发、丁瑞雪、李德高、陈诗璐、赵亚茹、许红、林筑等。本书第一章、第三章和第四章主要参考了许勤华在中国社会科学出版社 2020 年 1 月出版的著作《"一带一路"绿色发展报告（2019）》和许勤华、王际杰发表在《教学与研究》2020 年第 5 期的学术论文《推进绿色"一带一路"建设的现实需求与实现路径》。

　　本书是国家社科重大研究专项"推动绿色'一带一路'建设研究"（18VDL009）与国家社科一般项目"新时代中国能源外交战略研究"（18BGJ024）的阶段性成果。

　　本书在编写过程中得益于领导、专家和学者们的悉心指点和教导，也得益于团队成员间的密切配合和协作，在此一并表示诚挚谢意。

感谢浙江文艺出版社、外文出版社对本书出版的大力支持!

不足之处,敬请批评。

本书编写组